红外热像精确测温技术及应用

李云红　著

西安电子科技大学出版社

内 容 简 介

本书是在作者博士学位论文《基于红外热像仪的温度测量技术及其应用研究》的基础上，融入了近年来课题组在红外热像测温领域的最新研究成果编写而成的。全书共6章：第1章主要综述了红外热像技术，尤其是红外热像测温技术的发展概况和国内外研究进展；第2章根据热辐射理论和红外热像仪的测温原理，建立了红外热像测温物理模型；第3章主要讲述辐射测温方程的建立及目标温度场和等效温度场的转换模型，并进行了大气透过率的二次标定；第4～6章介绍了基于红外热像技术进行的碳纤维材料导热性能、服装舒适性、电气设备在线监测等应用研究。

本书适合精密仪器及机械、自动化测试与控制学科专业的高年级本科生和研究生阅读，亦可作为相关专业科研工作者、企业工程技术人员的参考读物。

图书在版编目(CIP)数据

红外热像精确测温技术及应用/李云红著. —西安：西安电子科技大学出版社，2023.3
ISBN 978 - 7 - 5606 - 6740 - 9

Ⅰ. ①红…　Ⅱ. ①李…　Ⅲ. ①红外成像系统—红外测温仪—研究　Ⅳ. ①TH811.2

中国国家版本馆 CIP 数据核字(2023)第 013197 号

策　　划　刘玉芳
责任编辑　刘玉芳
出版发行　西安电子科技大学出版社(西安市太白南路2号)
电　　话　(029)88202421　88201467　　邮　编　710071
网　　址　www.xduph.com　　　　电子邮箱　xdupfxb001@163.com
经　　销　新华书店
印刷单位　咸阳华盛印务有限责任公司
版　　次　2023年3月第1版　2023年3月第1次印刷
开　　本　787毫米×960毫米　1/16　印张11.25
字　　数　206千字
印　　数　1～1000册
定　　价　35.00元
ISBN 978 - 7 - 5606 - 6740 - 9/TH
XDUP 7042001 - 1

＊＊＊如有印装问题可调换＊＊＊

作者简介

　　李云红，女，满族，1974 年出生于辽宁锦州，中共党员，西安工程大学电子信息学院教授、科技处处长、硕士研究生导师。2010 年 3 月毕业于哈尔滨工业大学，获工学博士学位。2015 年在英国伯恩茅斯大学做访问学者，2018 年赴美国明尼苏达大学进行教学管理研修。曾任西安工程大学信息与通信工程系副主任，电子信息学院院长助理、副院长，教育部产学合作协同育人项目评审专家，中国国际"互联网＋"大学生创新创业大赛评审专家，全国大学生电子设计竞赛陕西赛区评审专家，《光学精密工程》《红外与激光工程》《哈尔滨工业大学学报》《中国激光》《激光与光电子学进展》《红外技术》等期刊审稿专家，中国纺织工程学会高级会员、中国电工技术学会高级会员、陕西省电源学会副理事长、西安市人工智能机器人学会常务理事。

　　多年来一直从事红外热像测温技术、控制理论与控制工程、人工智能、红外图像特征分析与处理等领域的教学与科研工作，主持纵、横向课题 40 余项，其中主持及参与国家自然科学基金以及陕西省科技厅、陕西省教育厅、中国纺织工业联合会、西安市科技局项目 20 余项；申请专利 20 余项，授权 8 项；发表学术论文 60 余篇，培养硕士生 60 余名。主编《信号与系统》《数字图像处理》《人工智能导论》等教材 5 部，主讲"信号与系统""数字图像处理""语音信号处理""工程伦理"等课程。发表的论文中《红外热像仪精确测温技术》一文获"大珩杯"中国光学期刊优秀论文奖，他引次数 222 次；《红外热像仪测温技术发展综述》一文他引次数 272 次。获陕西省高校系统"优秀青年教师共产党员"、第十三届陕西青年科技奖、陕西省科学技术三等奖、陕西高等学校科学技术奖二等奖、香港桑麻基金会桑麻奖教金，校级教学名师、学生心目中的好教师、青年教学骨干，校学术委员会委员、校教学委员会委员。

前 言 PREFACE

▶ ▶ ▶ ▶ ▶ ▶

　　红外热像测温技术是当今世界迅速发展的高新技术之一，已广泛应用于军事、准军事和民用等领域，发挥着其他技术难以替代的重要作用。了解和掌握红外热像测温技术的发展进程、应用领域和发展趋势，有利于启发科学、合理的发展思路，为红外热像仪的优化发展提供方向性的支持。

　　本书结合红外热像测温原理，探讨了红外热像精确测温技术，并在此基础上，利用红外热像仪进行了碳纤维材料的导热性能、服装舒适性及电气设备在线监测等方面的研究。本书主要研究内容如下：

　　(1) 根据热辐射理论和红外热像仪的测温原理，系统分析了各种因素对红外热像仪测温的影响，包括被测物体表面发射率、吸收率、大气透过率以及环境温度和大气温度对测温误差的影响，建立了红外热像测温物理模型。

　　(2) 结合物体表面对红外线的发射和反射作用以及红外线在大气中传输的物理过程，得到在不同精度及测量条件下的校准曲线，设计了 BP 神经网络算法，用于温度标定实验中灰度与温度的特性曲线拟合，为红外热像仪的精确测温提供了保证。

　　(3) 通过研究被测物体表面的发射率、反射率和透射率，并结合红外物理中的三大辐射定律得到被测物体表面的有效辐射；建立了辐射测温方程及目标温度场和等效温度场的转换模型；提出了红外热像仪外场精确测温方法；进行了大气透过率的二次标定，利用二次修正系数对未知辐射源测量值进行修正，准确测量出未知辐射源目标的辐射温度。

　　(4) 建立了基于红外热像技术的碳纤维材料导热性能测试平台，应用红外热像技术对碳纤维材料进行温度场分析和测量，通过温度对时间的变化规律，比较和分析在不同温度下经过热处理的碳纤维材料的导热性能差异，为这类材料导热性能分析与评价提供了一种新的方法和途径。实验验证了红外热像技术进行碳纤维材料导热性能分析与评价方法的有效性。

（5）建立了基于红外热像技术的服装舒适性研究的测试平台，进行设定环境下的穿着实验。使用红外热像仪直接测量不同环境中的服装在穿着状态下表面温度场的分布，通过直观判断服装在真实穿着条件下的实际温度变化情况，推导出服装及服装面料的隔热性能。通过对紧贴皮肤部位的服装面料的最高温度的测量，比较服装面料的热阻大小，判断整个服装隔热值的相对大小。

（6）根据红外故障诊断原理，结合电气设备的红外辐射规律及测温方法，利用红外检测设备搭建了电气设备在线监测系统。该系统可对电气设备关键触点的实时温度进行监测，实现故障诊断及报警，进一步提高了设备的检测效率。

本书是在作者博士学位论文《基于红外热像仪的温度测量技术及其应用研究》的基础上，融入了近年来课题组在红外热像测温领域的最新研究成果编写而成的。感谢哈尔滨工业大学孙晓刚教授的悉心指导。本书第4至5章的碳纤维材料导热性能测试实验、服装舒适性测试实验由西安应用光学研究所李旭东博士协助完成。基于红外热像技术的电气设备在线监测研究是贡梓童在作者的指导下完成的，本书第6章采用了他的硕士学位论文中的部分内容。本书的编写先后得到了国家自然科学基金（60377037）、中国纺织工业协会科技指导性项目"基于红外热成像技术的碳纤维织物导热性能研究"（2008012）、中国纺织工业联合会科技指导性计划项目"基于红外热像技术的服装舒适性研究"（2010083）的支持。

本书由李云红编写，朱永灿、乌江参与了本书的编校工作，拜晓桦、李嘉鹏、朱景坤、张蕾涛、谢蓉蓉、刘杏瑞参与了图形绘制及信息收集等工作。

在本书的编写过程中，作者参考了国内外大量的文献资料，在此对相关作者表示真诚的感谢。本书的编写和出版还得到了西安工程大学的大力支持，在此表示衷心的感谢。

由于著者水平有限，书中难免存在不妥之处，恳请读者批评指正。

李云红

2022 年 10 月

目 录 CONTENTS
▶ ▶ ▶ ▶ ▶ ▶

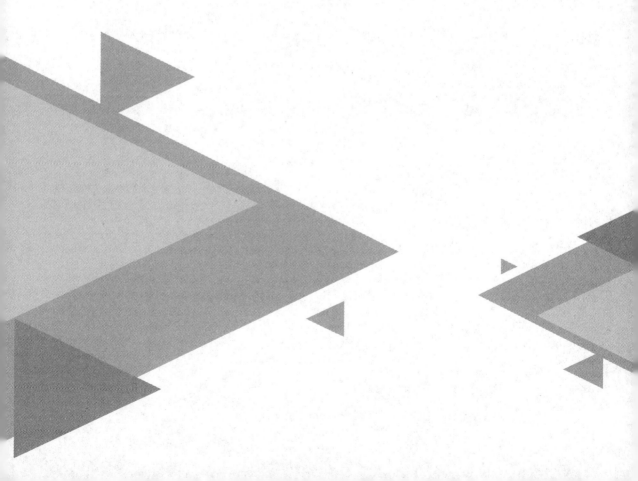

第 1 章

绪　　论

1.1　红外热像技术综述

在自然界中，任何物理、化学的过程都与温度密切相关，温度是确定物质状态最重要的参数之一。温度的测量与控制在国防工业、科学实验以及工农业生产中都有重要应用，高温测量在航天、材料、能源、冶金等领域中的应用尤其重要。

目标表面真实温度的辐射测量是一项重要的、需要长期研究的技术，尤其表面真实温度精确测量的研究更为关键。航空、航天领域尖端技术的不断发展和工农业生产过程检测与控制水平的不断提高，对温度的辐射测量提出了更高的要求。

在航空、航天型号任务中，壳体地面风洞实验以及发动机试车过程中真实温度及温度分布的快速测量特别重要，接触法测温在温度上限和动态响应方面无法满足要求，而现有的辐射法测温则需要很好地解决测温精度和发射率问题。研制火箭发动机、涡轮发动机、冲压发动机时，需要在线测定尾喷管的火焰温度以及温度分布。这些在航空、航天技术中都是难度极高的课题。此外，在航天、航空、核能等国防工业中需要研制很多新型材料，在研究、制造材料所进行的各种试验中，需要对温度进行较为精确的测量和控制，特别是要测量材料的热物性参数。随着隐身材料研制技术的快速发展，温度及发射率的精确测量也成为材料研制的关键技术之一。

1.1.1　温度的测量

根据温度传感器的使用方式，温度的测量方法大致可分为接触法与非接触法两种，如图 1-1 所示。接触法与非接触法测温特性如表 1-1 所示。

在接触法测温中，主要采用热电偶法和等离子体法，测量设备简单、操作方便，直接测量物体的真实温度。但由于要与被测物体紧密接触，影响了被测物体的温度场分布，因此其动态性能较差，亦不能应用于甚高温测量。非接触法测温主要有红外测温法、受激荧光光谱法、多光谱测温法、拉曼光谱法、光纤测温法和发射吸收光谱法等。

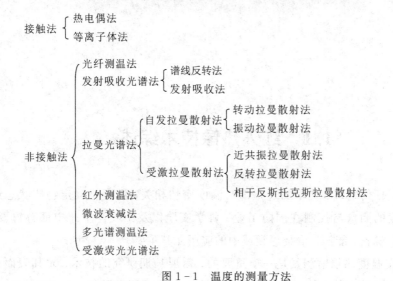

图 1-1　温度的测量方法

表 1-1　接触法与非接触法测温特性

方法	接触法	非接触法
特点	测量热容量小的物体有困难；测量移动物体有困难；可测量任何部位的温度；便于多点集中测量和自动控制	不改变被测介质温度场，可测量移动物体的温度，通常测量表面温度
测量条件	测温元件要与被测对象很好接触；接触时，测温元件不要使被测对象的温度发生变化	由被测对象发出的辐射能充分照射到测温元件；要准确知道被测对象的有效发射率，或者具有重现其发射率的可能性
测量范围	容易测量 1000℃ 以下的温度，测量 1200℃ 以上的温度有困难	测量 1000℃ 以上的温度较准确，测量 1000℃ 以下的温度误差大
准确度	通常为 0.5%～1%，依据测量条件可达 0.01%	通常为 20℃ 左右，条件好的可达 5～10℃
响应速度	较慢，通常为 1～3 min	较快，通常为 2～3 s，即使迟缓的也在 10 s 内

1.1.2　红外热像测温技术

自然界一切温度在绝对零度(−273 ℃)以上的物体,由于自身分子热运动,都在不停地向四周空间辐射包括红外线在内的电磁波,因此其波谱范围比较广。分子和原子的运动愈剧烈,辐射电磁波的能量愈大。而现阶段的红外热像仪只能对其中某一小段波谱范围的红外线产生反应。比如:波长范围为 $3 \sim 5$ μm 或 $8 \sim 14$ μm 的红外线,就是所谓的"大气窗口",即大气、烟云等对波长范围为 $3 \sim 5$ μm 和 $8 \sim 14$ μm 的红外线几乎没有阻碍,但可以吸收除此之外的可见光和近红外线。利用这两个窗口,人们可以在完全无光的夜晚,或是在烟云密布的战场,清晰地观察到前方的情况。正是由于这个特点,利用热红外成像技术可为军事领域提供先进的夜视装备,并为飞机、舰艇和坦克装配全天候前视系统。这些系统在海湾战争中发挥了非常重要的作用。另外,物体向外发射的电磁波的辐射强度取决于目标物体的温度和物体表面材料的辐射特性,物体的热辐射能量的大小直接与物体表面的温度有关。人们可以利用热辐射的这个特点来对物体进行无接触温度测量和热状态分析,从而为工业生产、节约能源、保护环境等提供重要的检测手段和诊断工具。

同一种物质在不同的状况下(表面光洁度、环境温度、氧化程度等)向外辐射红外能量的能力不同,这种能力与假想中的黑体的比值就是该物质在该温度下的发射率。黑体能吸收所有波长的辐射能量,没有能量的反射和透过,是一种理想化的辐射体,其表面发射率为 1。需要特别指出的是,自然界中并不存在真正的黑体。

由于辐射测温相关技术完备,数据处理灵活方便,应用广泛,因此目前非接触测温法主要以辐射测温法(又称红外测温法)为主。红外测温技术研究的主要问题有两个:一是如何测准来自被测物体的能量;二是如何将测得的能量转换为被测物体的真实温度。这两个问题还涉及仪器的测量范围、精度、距离和目标大小、响应时间及稳定性等。在实际应用中,还必须考虑被测物体光谱发射和辐射传递通路中介质对辐射传递的影响等。由于材料的发射率并不是材料的本征参数,它不仅与物体的成分有关,还与工作波长、所处温度及表面状态等诸多因素有关,而且在测量过程中会随时发生变化。特别是高温、甚高温测量时,由于环境中充满烟雾、粉尘、水汽等,目标表面状态变化剧烈,因而发射率修正法及减小发射率影响法在使用过程中都受到限制。多光谱测温法虽然从某种意义上消除了发射率的影响,但只适用于金属试样,所以需要研究出更好的发射率补偿算法来降低发射率的影响,从而实现精确测温。

红外热像测温技术是体现一国科技实力的高新技术之一，因此世界各国的科研机构纷纷投入巨额资金和大量人力、物力进行深入研究，其应用领域已经从军事、准军事领域拓展到民用领域，并发挥着其他技术难以替代的重要作用。

了解红外热像测温技术的发展进程、应用领域和发展趋势，有利于启发科学、合理的发展思路，为红外热像仪的优化发展提供方向性的支持。由于民用热像仪需要具有测温和进行图像处理的功能，在某种程度上，其较军用观察型热像仪有更高的要求。

热像系统是红外热像技术、红外测温标定技术和计算机图像处理技术等多种高新技术的综合应用。红外热像仪（简称热像仪）具有精确的非接触温度测量功能，并且能够生成红外图像或热辐射图像。从常识的角度来讲，所有物体在发生故障之前其温度都会发生异动，因此在故障检测方面，红外热像仪是一种经济有效的检测工具。由于温度与红外辐射直接相关，而目标红外辐射的强弱又能够通过温谱图来反映，因而可以利用红外热像仪测得物体的温度。此外，红外热像仪也广泛应用在民用领域，例如在工业设备运转过程中，我们需要时刻关注设备的工作状态，而设备工作状态的正常与否可以通过温度的高低来判断，因此探测其温度分布和变化就显得非常重要。红外热像仪在这方面的优势非常明显，它具有温度测量的非接触性和快速获得大面积温度数据的优势，我们通过对温度数据的分析和判断，可以采取有效的措施防患于未然。从这个意义上讲，利用红外热像仪测温和控温是保障生产工艺和产品质量稳定的有效手段。在医学方面，通过测量人体某些部位的温度亦可以诊断某些疾病。

红外热像仪按功能的不同，可分为手持式红外热像仪和望远式红外热像仪。二者的适用领域不同，前者被广泛应用于电力、建筑、桥梁等领域，后者则多用于户外和军事领域。知名品牌的红外热像仪生产企业主要有美国的 RNO、FLIR、FLUKE，德国的 InfraTec，日本的 NEC 等。近年来，我国在红外热像仪领域也取得了巨大进步。

实际上，红外热像仪是通过黑体恒温（可调）炉来标定它的温度曲线的，标定的点越多，测温相对越准。这种标定和每个探测器本身的特性相关。所以，每台红外热像仪在工作或放置一段时间后，必须重新标定测温曲线，否则测温不可能准确。虽然使用红外热像仪测量绝对温度不够准确，但是其检测温度差异的能力是一流的。对于常用的红外热像仪而言，它只是对人们感兴趣的区域进行较为精确的测温与目标定位，剩下的区域只要其发射率和选定目标区域的发射率不同，热图中显示的温度就肯定不是目标的真实温度。实际上，红外热像仪所采集到的热图不是和区域目标一一对应的温度分布图。

红外热像仪测温主要受被测物体表面发射率的影响，但反射率、环境温度、大气温度、测量距离和大气衰减等因素的影响也不容忽视。这些影响因素不但会导致红外热像仪的测温不准，也会影响热像仪在一些领域的应用。作为一种通用技术，红外热像测温技术的应用将深入各个领域，但是要想应用红外热像技术进行精确测温，还需做很多研究，例如结合红外热像测温原理，进行红外热像精确测温技术研究，利用红外热像仪进行碳纤维材料的导热性能、服装舒适性以及电气设备在线监测等应用研究。

红外热像仪在温度测量方面功能强大，与其他测温方法相比，红外热像仪测温在以下两种情况下具有明显的优势：

(1) 温度分布不均匀的大面积目标的表面温度场的测量。

(2) 在有限的区域内快速确定过热点或过热区域的测量。

红外热像仪具有以下特点：

(1) 响应速度快。传统测温技术(如热电偶)的响应时间一般为秒级，而红外热像仪测温的响应时间多为毫秒甚至微秒级，因此红外热像仪可以测量快速变化的温度(场)。

(2) 测量范围宽。玻璃温度计的测温范围为 $-200 \sim 600℃$，热电偶的测温范围为 $-273 \sim 2750℃$，而辐射测温的理论下限是绝对零度(即 $-273.16℃$)以上，基本没有理论上限。红外热像仪因型号不同，测量温度范围不同，且温度范围可扩展。TI 45 红外热像仪(波长范围为 $8 \sim 14\ \mu m$)的测温范围为 $-20 \sim 600℃$，上限可以扩展到 $1200℃$；德国的 DIAS 在线红外热像仪(波长范围为 $8 \sim 14\ \mu m$ 和 $3 \sim 5\ \mu m$)的测温范围为 $-20 \sim 1250℃$；ThermaCAM SC500(波长范围为 $7.5 \sim 13\ \mu m$)的测温范围为 $-40 \sim 2000℃$；IR928(波长范围为 $8 \sim 14\ \mu m$)的测温范围为 $-20 \sim 500℃$；ThermaCAM S65(波长范围为 $7.5 \sim 13\ \mu m$)的测温范围为 $-40 \sim 500℃$，上限可扩展到 $1500℃$ 或 $2000℃$；ThermaCAM SC3000 的测温范围为 $-40 \sim 500℃$，上限可扩展到 $1500℃$；Inframetrics600(波长范围为 $8 \sim 12\ \mu m$)的测温范围平常为 $-20 \sim 400℃$，扩展之后为 $0 \sim 1000℃$。

(3) 测温精度高，可以分辨出 $0.01℃$ 甚至更小精确单位的温度。

(4) 可小面积测温，直径可达几微米。

(5) 可同时测量点温、线温和面温。

(6) 绝对温度和相对温度均可测量。

(7) 非接触测量。由于测量的是物体表面的红外辐射能，不用接触被测物体，也不会干扰被测的温度场，故红外热像测温技术非常适合测量运动的物体、危险的物体(如高压线缆)和不易接近的物体。

(8) 测量结果形象直观。红外热像仪以彩色或黑白图像的方式输出被测目标表面的温度场,不仅比单点测温提供更为完整、丰富的信息,且非常形象直观。

我国最初只有电力、冶金和石化等行业引进了红外热像测温技术,主要应用于工艺、生产及设备状态检测方面,在科学研究方面的应用也仅限于尖端技术的研究领域。比如,杨玥利用红外热像技术进行 SF_6 设备的带电检漏;张璐、余长国、张向东等利用红外热像技术进行电力设备的故障监测及故障分析;张国灿、谢建容、杨翠茹利用红外成像技术进行电力设备的状态检测和在线监测;路悄悄、杜飞利用红外成像技术将热像图应用在冶金热工测试中;褚小立等将近红外光谱分析技术应用在石化领域;金光熙利用红外热像技术进行石化设备内部的腐蚀检测。

为了精确测量物体表面温度,人们用红外热像仪已经做了许多研究。Christian Kargel 等用红外热像方法测量了手机的局部温升,X. G. Pan 等用相干瑞利散射方法测温,Nijhawan 对热像技术进行了研究,T. Furukawa 等建立了金属辐射发射率测量的实验装置,W. Bauer 研究了陶瓷温度测量和陶瓷发射率之间的关系,C. L. Yang 和 J. M. Dai 对多波长测高温的光谱发射率和温度进行了最佳识别并建立了一种测量目标物体真实温度的光谱发射率模型的新方法。

不管是哪一种红外测温系统,如果要提高测温精度,就必须建立一个精确、完整、合理的模型,这项工作非常关键。多年来,在测温系统的研究中,红外测温模型的建立和模型准确性的研究是主要难点和关键技术,也引起了各国红外测温技术研究者的极大兴趣。这对于提高红外热像仪的性能指标(包括测量精度、最大分辨率等)以及拓宽其应用领域具有非常重要的意义。

1.1.3 红外热像技术的应用

红外热像技术的主要应用包括汽车发展研究(包括射出成型、模温控制、刹车盘、引擎活塞、电子电路设计、烤漆),电机、电子业中的印制电路板热分布设计、产品可靠性测试、电子零组件温度测试、笔记本电脑散热测试、微小零组件测试,引擎燃烧风洞实验,目标物特征分析,复合材料检测,建筑物隔热、受潮检测,热传导研究,动植物生态研究,模具铸造温度测量,金属熔焊研究,地表/海洋热分布研究等。红外热像仪可以十分快捷准确地探测电气设备的不良接触以及过热的机械部件,以免引起严重短路和火灾。对于所有可以直接看见的设备,红外热像仪能够确定所有连接点的热隐患。那些由于遮蔽而无法直接看到的部件,传统的方法只能拆解检查和清洁接头。应用红外热像仪可以根据其热量传导到外面部件上的情况来发现隐患,如对断路器、导体、母线及其他部件的运行测试,红外热像仪可以很容易地探测到回路过载或三相负载的不平衡等情况。美国一些公司提供红外热像仪检查服务,为客户的所有电气设备、配电系统,包括高压接触器、熔断器盘、主电源断路器盘、接触器以及所有的配电线、电动机、变压器等进行红外热像检查,以保证客户所有运行的电气设备不存在潜伏性的热隐患,有效防止了火灾事故的发生。

1.2 红外热像测温技术发展概况

1.2.1 国际上红外热像测温技术发展概况

自然界中我们通过肉眼观察到的各种颜色的光属于可见光。研究发现,电磁波的频率范围极广,可见光在电磁波谱中的占比极小,其他还包含无线电波、红外线、紫外线、X 射线等肉眼不可见光。电磁波波谱如图 1-2 所示,红外线位于无线电波段与可见光波段之间,且波长跨度较大,可分为四个不同的波段,具体分布如表 1-2 所示。

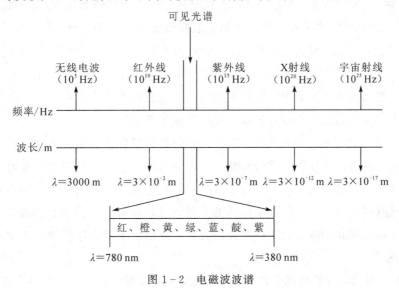

图 1-2 电磁波波谱

表 1 - 2　红外线波长表

红外线	波长 / μm
近红外	0.7~3.0
中红外	3.0~6.0
远红外	6.0~15.0
极远红外	15.0~1000

实验结果表明，只要物体温度超过－273℃，它就会向外发射辐射波，且辐射波中总会有红外线存在。我们在日常生活中见到的物体温度已经远远高于这一数值，故周围的物体每时每刻都在向外辐射红外能量。只是红外线属于不可见光的范畴，故我们无法用肉眼观察到，但却广泛存在。

不同波段的可见光反映出不同的颜色，而可见光波长范围较小，只能反映出红、橙、黄、绿、蓝、靛、紫这七种颜色。与可见光相比，红外线的波长范围跨度极大（最短波长约为最长波长的 1/10），其可表现为 70 种不同的颜色（只是我们看不到）。为了观察红外线，人们设计了红外探测设备。红外线的传播会受到传输媒介的影响而产生不同程度的信号衰减。不同波长的红外线，辐射能量衰减幅度不同，其中衰减较弱的波长范围有 2~2.5 μm、3~5 μm、8~14 μm，即这三个波段的红外线受传输介质的影响较小，人们称之为"大气窗口"。故很多红外热像仪都工作在这一波段，以获得极佳的监测效果。利用红外线的特性，可实现夜晚的监测工作，可对目标进行全天候的观察。

1800 年，英国物理学家威廉姆·赫胥尔发现了红外线，从此人类走上了应用红外技术的广阔道路。第二次世界大战中，德国人把红外变像管作为光电转换器件，研制成功主动式夜视仪和红外通信设备，为红外技术的发展奠定了基础。

第二次世界大战以后，第一代用于军事领域的红外成像装置由美国德克萨兰仪器公司开发研制成功，称为红外巡视系统（FLIR），它对被测目标进行红外辐射扫描时主要利用的是光学机械系统，通过光子探测器接收二维红外辐射迹象后经光电转换及一系列后续电路处理，形成视频图像信号。这是原始形式的系统，可以非实时地自动记录温度分布。1950年开始，由于锑化铟和锗掺汞光子探测器的发展，开始出现了高速扫描以及实时显示目标热图像的系统。

20 世纪 60 年代，开始出现了红外热像技术，但其发展一直受到三大环节的制约：一是不同目标不同的光谱特性，二是目标和探测器之间的环境和距离，三是探测系统的性能。20 世纪 60 年代，瑞典 AGA 公司在红外巡视系统的基础上增加了测温功能，成功研制出第二代红外成像装置，称为红外热像仪。

传感器技术虽然在早期就很先进，但受到其他技术背景的限制，直到 1980 年，数字图像处理技术的出现，才促进了热图在用户界面的使用及温度的直接读出。

红外热像仪发展的早期，由于保密的原因，即使在发达国家也仅限于军用，投入使用的热像装置可在浓厚的黑夜或云雾中探测伪装目标和高速运动的目标。为了扩展红外热像仪在民用领域的应用，美国的制造厂商根据民用要求，结合工业红外探测特点以及工业生产发展的实际，采取压缩仪器造价、降低生产成本和通过减小扫描速度及提高图像分辨率等措施使红外热像仪在民用领域有了更为广阔的发展空间。

1965 年左右，第一套工业用的实时成像系统（THV）由 AGA 公司研制成功，系统采用 110V 电源电压供电，液氮制冷，重量约 35 kg，使用便携性很差。1986 年 AGA 公司研制的红外热像仪已无需液氮或高压气制冷，其采用热电方式制冷，可用电池供电；1988 年 AGA 公司推出了全功能的热像仪，仪器的功能、可靠性和精度都有了显著的提高，它将温度的测量、修改、分析、图像的采集和存储等合为一体，重量小于 7 kg。

1990 年，美国 FSI 公司成功研制了由军用技术（FPA）转民用并商品化的新一代红外热像仪。这种热像仪技术更加先进，探测器采用焦平面结构，现场测温时对准目标拍摄，摄取的图像存储到 PC 卡上，各种参数的设定以及对数据的修改和分析都可以在室内通过软件实现，最后得出检测报告。由于取消了复杂的光机扫描，因此使得仪器重量降低至 2 kg 以下，使用时单手即可方便地操作，如同手持摄像机一样。

在仪器制造方面，红外热像仪的发展经历了以下几个阶段：

1958 年第一台纯军事用途的红外热像仪诞生（AGA）。

20 世纪 60 年代初，世界上第一台用于工业检测领域的红外线热像仪诞生，尽管其体积庞大而笨重，但作为一种检测工具，人们很快在各种应用中找到了它的位置，特别是在电力维修保养中体现了它的重要价值，首次用于动力线检测。

1973 年，世界上第一台便携式红外热像系统诞生。

1979 年，世界上第一台与计算机连接的红外热像系统诞生，它具有数字成像处理系统。

1986 年，世界上第一台热电制冷红外热像系统面世，因为它无需液氮或高压气制冷，所以红外热像仪从此摆脱了大气瓶。

1991年，世界上第一台真正双通道数字式12 bit(比特)、研究型热像系统——THV900(AGEMA)诞生。

1995年，第一台获得ISO9001国际质量体系认证的焦平面、内循环制冷型热像系统诞生。

1997年，世界上第一台非制冷、长波、焦平面红外热像仪(THV570)诞生，这是红外领域一次革命性转变，将红外检测技术推向一个崭新的阶段，其启动速度由原来的5 min降到45 s。

2000年，世界上第一台集红外和可见光图像为一体的非制冷、长波、焦平面红外热像仪诞生。

2001年，华中光电研究所研制成功我国首台非制冷红外热像仪，填补了国内空白且技术水平国际领先，这标志着我国红外探测技术取得划时代的突破，应用前景广阔。

2006年，全球第一台采用640×480像素非制冷微热量型探测器的便携式红外热像仪ThermaCAM P640由FLIR Systems推出。

2007年，FLIR Systems推出InfraCAMTM SD红外热像仪，它具有大容量存储能力，并在图像质量、测温功能和存储容量方面得到改进。

2012年4月，美国知名的 *Thermal infrared imager TIMES* 发布了2011年全球红外热像仪品牌排名，美国RNO连续5年荣登销售榜首，占据了60%的市场份额。其生产的PC160、RNO PC384风靡全球。2013年，RNO推出其全新款IR系列红外热像仪，仅用不到半年时间，RNO IR160就取代了RNO PC160的位置。

2022年，123网依托全网大数据，根据品牌评价及销量评选出红外热像仪十大品牌排行榜，前十名有优利德/UNIT、福禄克/FLUKE、希玛/SMART、海康微影/HZKMICRO、菲力尔FLIR、拓利亚等。

A. H. Elmahdy采用红外热像技术在实验室进行窗口表面的温度测量，也取得了很好的效果。Amit Mushkin等用波长范围为 $3\sim5~\mu m$ 的多光谱热像仪提供表面温度和发射率恢复；Ruiliang Pu等为了分析城市表面温度进行高分辨率和多个传感数据的确定；C. J. Merchant等对撒哈拉沙漠的灰尘在夜间进行了表面温度的热像分析。

红外热像技术在医学领域的应用已经有50多年的历史。1957年人们第一次使用热像技术探测乳腺癌，之后开展了对恶性肿瘤及乳腺癌的早期诊断、风湿性关节炎及伤口愈合的红外观察和发病状况的诊断、耳鼻喉疾病的诊断、牙科治疗初步研究、胸部肿块等的红外诊断，红外成像技术作为一种新的诊断手段在医学领域中广泛应用，例如发现表浅肿瘤如乳腺癌、皮肤癌、甲状腺癌等，确定冻伤和烧伤边缘，合理选择截肢部位，辅助诊断脉管炎以及其他炎症，确定骨折、挫伤，辅助判断骨髓炎、关节炎的严重程度，对妇产科临床如胎盘的定位，对植皮、脏器移植后排异反应的观察和对针灸的经络穴位温度反应的检测等。在这些应用中，红外热像技术表现出了日益强大的能力，为医疗卫生事业的发展提供了更有力的支持。

1980 年，远红外成像技术开始广泛应用于农业和环境检测方面。通过空中摄像技术对探测目标进行宽范围的检测和分析。随着敏感摄像技术的不断发展，利用其多功能性、准确性和较高的分辨率，人们逐步开展对植物单株水平的研究，可进行单株植物幼苗和叶片的观测，包括在重力作用下对植物叶片表面与周围环境之间热交换的影响的研究、大麦突变体的筛选、在胁迫环境中对植物的研究、对植物气孔导度的研究、在寒冷环境中对植物体内的冰核形成过程的观测研究、谷类作物由于阵风和疾病而造成的旗叶的温度差异测量、单细胞的研究、叶片蒸腾速率研究等，研究成果非常显著。

目前，红外热像系统已经在消防、电力、石化以及医疗等领域得到了广泛的应用。红外热像仪在世界经济发展中正发挥着举足轻重的作用。

1.2.2　我国红外热像测温技术发展概况

随着半导体技术和计算机技术突飞猛进的发展，我国红外热像仪的制造水平、性能指标有了明显提高，仪器的测量精度、响应速度、稳定性、分辨率都达到了相当高的水平，软件功能也不断完善。红外热像测温技术研究、标定技术及应用技术研究等方面取得了丰硕成果。

我国对红外技术的研究起步于建国初期，目前从事红外热像技术研究的单位主要有中国科学院上海技术物理所、昆明物理研究所、华北光电技术研究所等。目前我国能自行研制生产多种型号的制冷红外热像仪，全国首台非制冷 FPA 红外热像仪于 2001 年由华中光电研究所研制成功并投入批量生产。这些成果的取得，标志着我国将结束红外热像仪长期依赖进口的局面，同时也意味着红外热像仪产品价格的下降，应用领域的进一步扩大。

我国在 1960 年成功研制出第一台红外测温仪。最早开发应用的是红外光电测温仪，它相当于一个自动光学高温计，测温精度不高，响应时间不快，现已被淘汰。

1970 年我国有关单位开始研究红外热像技术，到了 1980 年初，我国在长波红外元件的研制和生产技术上有了长足进展。1990 年初，我国已经成功研制出实时红外成像样机，其灵敏度、温度分辨率等性能指标都达到很高的水平。我国在红外成像设备上开始使用宽频带低噪声前置放大器，随着微型制冷器等关键技术的发展，红外热像设备从实验走向应用，开始主要用于部队，例如反坦克导弹、便携式野战热像仪、防空雷达、坦克以及军舰火炮等。随后，我国又生产了用单板机或单片机进行信号处理和线性化及数字显示的测温仪，用光纤束作为光学系统的测温仪。

2001年，我国实现了红外热像仪的国产化，第一台国产红外热像仪在昆明研制成功。虽然如此，但我们与世界先进水平的差距还是非常大的。我国现在才推广第一代红外热像仪，有些国家已经在部队中装备第二代红外热像仪，并开始了第三代红外热像仪的研发工作。国际上美国、法国、以色列是这一行业的先行者，其他国家包括俄罗斯都处在下游水平。

到目前为止，我国大部分工业用红外热像仪主要靠引进国外产品，红外热像仪的民用产品中医疗用仪器的制造与应用相对较多。

2022年红外热像仪品牌排行榜国内榜位列前十的有：希玛SMART/中国、福禄克FLUKE/中国、优利德UNIT/中国、萨特红外、胜利/中国、菲力尔FLIR/国内、博世BOSCH/德国、世达SATA/中国、德国Testo/德国、大立/中国。

红外热像仪在军事和民用方面的应用非常广泛。随着热像技术的成熟，各种适于民用的低成本红外热像仪不断问世，它在国民经济各个领域发挥着越来越重要的作用。红外热像仪的应用按其用途可以大体分为两大类：一为定性观察，二为定量分析。定性观察是根据图像判断物体的存在和运动，主要应用于军事、安检、消防、监控等方面。定量分析是利用红外热像仪的测温功能对物体的温度分布进行分析，例如，在医学检验方面，可以对人体的温度分布进行测量分析，并据此确定其健康状况。该方法是对人体无损伤、无疼痛的健康检测方法。在科学研究和环保节能等方面，都需要对被研究对象的温度分布进行定量检测。以上应用领域都要求热像仪具有测温功能。在工业现场，很多设备经常处于高温、高压和高速运转状态，为了保证设备的安全运转，及时发现异常情况以便排除隐患，可以利用红外热像仪对这些设备进行检测和监控。同时，对于工业产品进行质量控制和管理也可以利用红外热像仪。例如，可用红外热像仪对钢铁工业中的高炉和转炉所用耐火材料的烧蚀磨损情况进行观测，根据观测结果及时采取措施检修，防止事故发生。在电子工业中，可以用红外热像仪检测半导体器件、集成电路和印刷电路板等的质量情况。2020年新冠疫情肆虐，又恰逢春运人员流动高峰，为避免执行检查的工作人员与人流直接接触发生反复交叉感染，各地在火车站、地铁、机场、码头、客运站等交通枢纽，以及医院、商超、企业等人员密集地纷纷利用红外热像测温技术，采用非接触式的无感测温方式，实行人员体温检测，快速筛查疑似患者，同时实现人员快速高效通行，控制人群聚集，降低交叉感染风险，对防控新型冠状病毒感染的肺炎疫情具有重要意义。

此外，红外热像仪在治安、消防、医疗、考古、交通、农业和地质等许多领域均有重要的应用，如森林探火、火源寻找、建筑物漏热查寻、海上救护、矿石断裂判别、公安侦查、导弹发动机检测以及各种材料和构件的红外热像无损检测与评价、建筑物的红外热像检测与节能评价、电力和石化设备状态的红外热像诊断、自动测试、灾害防治、地表/海洋热分布研究等。

应用红外热像技术进行 PCB 电路板的温度测量时，由于发射率变化很大，因此在热图中必须设定每个像素不同的发射率值。杨立等考虑了被测物体表面的发射率、反射率(或吸收率)、大气温度、环境温度、大气衰减等影响因素，总结了大气吸收、大气温度、被测物体发射率、被测物体本身温度、环境温度和测量仪器指示温度的测量误差对红外测温误差的影响。张健等着重分析了高温环境物体对红外测温误差的影响。在科学实验研究方面，红外热像仪亦显示出其在测量物体温度场方面的优势。例如，王喜世等利用红外热像仪测量火焰温度，侯成刚等利用红外热像仪精确测量物体的发射率，都取得了较好的效果。孙晓刚、李云红等进行了红外热像仪测温技术发展综述和红外热像系统性能测试研究。

过去的红外热像仪测温技术仅限于常规风洞实验中的中、低温(1000 K 以下)测量，邓建平等为了满足电弧风洞等高熔设备实验测量的需要，研制了一套测温范围在 1000～3500 K 的红外热像仪及图像处理系统，该系统已完成标定并在高频等离子体风洞中进行了实验；香港理工大学教授史文中等使用红外热像仪对炮弹冲击力进行了定量分析；复旦大学蒋耿明等用由 MSG-SEVIRI 组合的中红外和热红外数据重建陆地表面发射率；王杨洋等用红外热像仪测量建筑物表面温度，并通过实验进行了研究；蒲瑞良和首尔科技大学的 Hwang Jihong 采用红外成像的电荷耦合装置(CCD)测量平面磨削中工件的温度场分布。

1.3　红外热像测温领域存在的主要问题

科研领域的温度测量最重要的是实验数据的准确性，包括测点温度信息的准确性和测点几何位置信息的准确性。利用红外测温热像仪测温存在的主要问题：一是高温测量即测温上限的扩展问题；二是发射率问题；三是大气透过率对精确测温的影响。利用红外测温热像仪对辐射目标进行温度测量时，其测量结果与辐射目标的辐射温度估计值会有较大的偏差，并且随温度的升高，偏差有逐渐增大的趋势。虽然红外测温热像仪出厂时均经过标定，但其标定多在实验室条件下进行，在实验室条件下标定过的红外测温热像仪不适宜外场使用，且测温软件中应用的大气透过率修正软件也多为标准大气条件，但外场环境复杂多变，测温系统自带软件不能很好地模拟外场复杂大气条件。要实现辐射外场辐射目标的准确测温，必须对测温系统和待测辐射源目标在相同环境、相同距离条件下进行标定，即对大气透过率参数进行二次修正。

1.4 本书主要内容

红外热像仪测温主要受被测物体表面发射率的影响，但反射率、大气温度、环境温度、测量距离和大气衰减等因素的影响也不容忽视，这些因素直接影响了红外热像仪测温的准确性，当然也影响了红外热像仪在一些领域中的应用。特别是物体表面发射率这一参数，如果估计不准，则对测温准确性的影响很大。本书将深入研究红外热像测温的相关理论、方法、关键技术及相关评价技术，为目标材料表面温度的精确测量和热物性的研究奠定坚实的理论和技术基础。本书研究的主要内容包括：

（1）热辐射理论和红外热像测温系统的研究。根据普朗克定律，系统分析各种因素对红外热像仪测温的影响，给出在测量物体表面温度时被测物体表面发射率、吸收率、大气透过率、大气温度和环境温度误差对测温误差的影响，为红外热像仪精确测温提供理论基础。

（2）建立基于红外物理学的红外成像系统模型。根据红外热像仪接收到的被测目标的有效红外辐射，建立辐射测温方程，进行目标温度场到等效温度场（部分辐射温度）的建模方法研究。通过对被测物体表面发射率、反射率和透射率关系的研究，并结合红外物理中的三大辐射定律，得到被测物体表面的有效辐射，建立红外热像仪内部的校准曲线，为红外热像仪的精确测温提供保证。

（3）红外热像仪外场精确测温方法的研究。为了达到准确测量未知辐射源目标辐射温度的目的，对大气透过率进行二次标定，利用二次修正系数对未知辐射源测量值进行修正。

（4）基于红外热像技术的碳纤维材料导热性能研究。为了利用红外热像技术快速、准确地测算碳纤维材料的导热性能参数，在研究红外热像测温的基础上，建立起碳纤维材料导热性能测试平台，应用红外热像技术对碳纤维材料试样进行温度场分析和测量，根据温度对时间的变化规律，比较和分析在不同温度下进行热处理的碳纤维材料的导热性能差异，通过实验验证红外热像技术进行材料导热性能分析与评价方法的有效性。

（5）基于红外热像技术的服装舒适性研究。设计服装舒适性的测试平台，使用红外热像仪直接测量服装在穿着状态下其表面温度场的情况，根据温度变化得出服装及服装材料的隔热性能。比较不同服装材料的热阻大小，进而判断整个服装隔热值的相对大小，通过选取几种不同成分的服装材料为试样，测量紧贴皮肤部位的服装材料的最高温度，通过实验来验证此方法的可行性。

（6）根据红外故障诊断原理，结合电气设备的红外辐射规律及测温方法，利用红外检测设备搭建了电气设备在线监测系统。该系统可实现电气设备关键触点的实时温度监测，实现故障诊断及报警，进一步提高了设备的检测效率。

本 章 小 结

本章对红外热像测温技术进行了概述，介绍了温度的两种测量方法，并对两种方法的测温特性进行了比较分析；然后介绍了以辐射测温法（又称红外测温法）为主的非接触测温技术，阐述了具有非接触温度测量功能的红外热像仪的发展历程、优势以及影响因素；最后介绍了红外热像测温技术的发展进程、应用领域和发展趋势，并指出了红外热像测温领域存在的主要问题。

第 2 章

红外热像测温理论及物理模型的建立

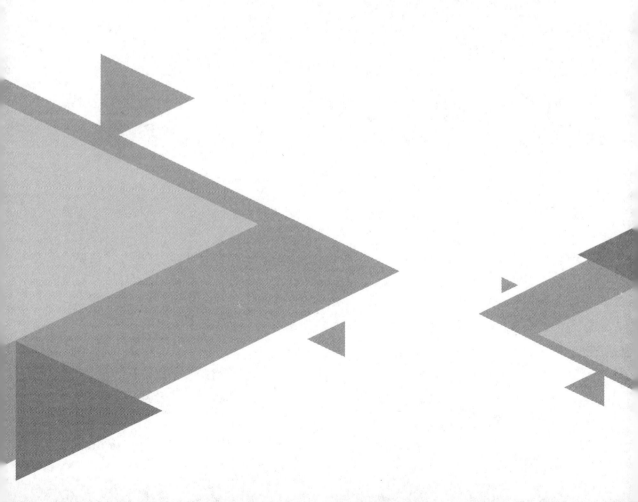

　　红外热像测温系统属于窄谱辐射成像的测量设备，因此用红外热像仪测温时，被测物体表面的发射率、吸收率、大气透射率、大气发射率、背景温度、大气温度等影响因素都会直接影响测温的准确程度。被测物体真实温度的计算精度也受这些因素的影响。不管基于何种基本理论，红外热像测温模型的建立都不受理论或数学计算的制约，而要由经验系数确定。正因为如此，红外热像测温模型并不能完全适用于各种不同环境条件或不同类型的物体。为了使红外热像测温模型的计算结果更为准确，必须要实际测量很多数据。另外，为了得到更加有利于工程计算的红外热像测温模型，需要对一些影响因素进行近似估算。这一章我们根据热辐射理论和红外热像系统的测温原理，进行灰度−温度的校准曲线测量实验，探讨发射率、吸收率、大气透射率、环境温度和大气温度等对红外热像仪测量物体表面温度的影响，建立红外热像测温模型。该模型的建立对于提高红外热像仪的测温精度，减少不必要的误差具有非常重要的意义。

2.1　红外热像测温理论

　　任何物体在绝对零度以上都会产生分子和原子的无规则运动并不停地向外辐射热红外能量。分子和原子的运动愈剧烈，辐射的能量愈大。在自然界中红外线辐射是最广泛的电磁波辐射，辐射测温技术研究的关键在于红外光具有很强的温度效应。热辐射投射到物体上会产生反射、吸收和透射现象。吸收能力越强的物体，反射能力就越差。能全部透射辐射能的物体称为"透明体"；能全部吸收辐射能的物体称为"黑体"；能全部反射辐射能的物体，当呈现镜面反射时称为"镜体"，呈现漫反射时称为"白体"。显然，透明体、黑体、镜体、白体都是理想物体。物体表面温度与物体的红外辐射能量、波长有着十分密切的关系。因此，通过对物体辐射红外能量的测量，便能准确测定物体表面温度，这是红外辐射测温所依据的客观理论基础。红外热像仪为实时表面温度测量提供了有效、快速的方法。

2.1.1　辐射的基本定律

　　（1）黑体辐射定律。黑体能吸收所有波长的辐射能量，没有任何能量反射和透过。自然界中并不存在真正的黑体，它是辐射体理想化的表示，其表面发射率为 1。在理论研究中，为了弄清和获得红外辐射的分布规律，必须选择合适的模型，普朗克提出并选择了基于腔体辐射的量子化振子模型，并据此模型提出了普朗克黑体辐射定律，简称黑体辐射定律。这一定律是一切红外辐射理论的出发点，该定律指出黑体的光谱辐射度 M_λ 可以用波长表示，即

$$M_\lambda = \frac{c_1 \lambda^{-5}}{e^{c_2/(\lambda T)} - 1} \tag{2-1}$$

式中：c_1——第一辐射常数，$c_1 = 2\pi hc^2 = 3.7418 \times 10^{-16}$ W·m^{-2}；

c_2——第二辐射常数，$c_2 = hc/k = 1.4388 \times 10^{-2}$ m·K(k 为玻尔兹曼常数，$k = 1.3807 \times 10^{-23}$ J/K)；

λ——光谱辐射的波长，单位为 μm；

T——黑体的绝对温度，单位为 K。

（2）斯特藩-玻尔兹曼定律：

$$M = \int_0^\infty M_\lambda d\lambda = \sigma T^4 \tag{2-2}$$

式中，σ 是斯特藩-玻尔兹曼常量，$\sigma = 5.67 \times 10^{-8}$ W/(m^2·K^4)。

（3）维恩位移定律：

$$\lambda_m T = 2897.8 \pm 0.4 \ \mu\text{m·K} \tag{2-3}$$

（4）兰贝特定律：对于一个非黑体的实际辐射体，整个波长范围内的辐射出射度表示为

$$M = \varepsilon \sigma T^4 \tag{2-4}$$

式中

$$\varepsilon = \frac{\left[\int_0^\infty \varepsilon_\lambda M_\lambda d\lambda\right]}{\sigma T^4} \tag{2-5}$$

是光谱发射率的平均效果，称为辐射体的发射率。

2.1.2 红外热像仪成像的物理机理

物体和环境之间温度与发射率的差异会产生不同的热对比度，红外热像仪就是利用这种热对比度的不同而把红外辐射能量密度分布以图像的形式显示出来，即"热像"。红外热像仪具有将红外光变为可见光、红外图像变为可见图像的功能。为了实现上述功能的转换，

必须选择对红外辐射敏感的红外探测器，利用其把红外辐射转变为电信号，并且电信号和红外辐射的强弱能够一一对应；此外，为了得到反映目标红外辐射的可见图像，实现从电信号到光信号的转换，还需将反映目标红外辐射分布的电子视频信号通过电视显像系统在电视荧光屏上显示出来。

2.1.3 红外热像仪的组成及工作原理

1. 红外热像仪的组成

红外热像仪由红外探测器、光学成像物镜和光机扫描系统(目前先进的焦平面技术省去了光机扫描系统)三个部分组成。在光学成像物镜和红外探测器之间，有一个光机扫描系统(焦平面热像仪无此系统)对被测物体的红外热像进行扫描，并聚焦在单元或分光探测器上，探测器将接收到的被测目标红外辐射能量分布图形反映到红外探测器的光敏元上，红外探测器将红外辐射能量转换成电信号，电信号经过放大处理被转换成标准视频信号并通过电视屏或监测器显示出红外热像图。其实被测目标物体各部分红外辐射的热像分布图信号非常弱，虽然这种热像图与物体表面的热分布场之间存在着一一对应关系，但与可见光图像相比，它缺少层次和立体感，因此，为了更有效地判断被测目标的红外辐射热分布场，常采用一些辅助措施来提高仪器的实用功能，如图像亮度及对比度的控制、实标校正、伪色彩描绘等技术。非扫描型红外热像仪由红外探测器、光学系统、信号处理系统和显示记录装置等几个部分组成。红外热像仪将红外光变成电信号和电信号变成可见光的转换功能是由热像仪的各个部件完成的。非扫描型热像仪也称为焦平面热像仪，它去掉了繁杂的光机扫描系统。二维平面形状的红外探测器具有电子自扫描功能，和照相机的原理非常相似，它将被测物体的红外辐射通过物镜聚焦在底片上曝光成像并聚焦在红外探测器的阵列平面上，称为"焦平面阵列"，也称为"凝视成像"。

由于没有光机扫描系统，焦平面热像仪的重量仅为 2 kg 左右，使用和携带十分方便。焦平面热像仪的摄像头结构简单，内有硅化铂红外电荷耦合器件 CCD、波长范围为 $3\sim5\ \mu m$ 或 $8\sim14\ \mu m$ 的成像镜头、红外 CCD 驱动电路板。硅化铂红外电荷耦合器件 CCD 输出的视频信号，经钳位放大等预处理后，由 A/D 转换变成数字信号，再经过固定图形噪声消除电路和响应率非均匀性校正后，存入帧图像存储器。由于图像信号中混合了标尺和字符等数据，因此还要经过伪彩色编码和 D/A 转换才能在显示器上显示出来。红外热像仪具有黑白、伪彩色和等温区等多种显示模式，物体的表面温度可由热像图实时读出，下面分别介绍其各组成部分的功能。

1) 焦平面红外探测器

被测物体的红外辐射由光学系统传递到红外探测器，通过红外探测器形成被测物体图像的基本信息，并进行合成与分解。所以说红外探测器是红外热像仪的核心器件。红外探测器的元件必须保持较低的温度，主要是为了屏蔽背景噪声，降低热噪声，提高探测器的信噪比和探测率等。焦平面红外探测器按制冷方式分为制冷型和非制冷型。非制冷型焦平面热像仪探测器的工作原理如图 2-1 所示。红外探测器主要采用微型辐射热量探测器，作用类似于热敏电阻，红外探测器的温度随着吸收入射红外辐射能量的多少而发生变化，温度的变化导致红外探测器的阻值变化，在外加电压作用下就会有电压信号输出。

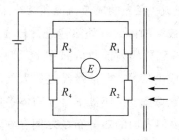

图 2-1　非制冷型焦平面热像仪探测器工作原理

图 2-1 是非制冷型焦平面热像仪探测器的工作原理，电路采用桥式结构，E 是采样电压信号，R_1 是内置探测器的电阻，R_2 是工作探测器的电阻，R_3 和 R_4 是桥式平衡电路的标准电阻。R_1 被屏蔽，R_2 暴露在外便于接收红外辐射。两个探测器的位置摆放比较近，当 R_2 上没有红外辐射照射时，电桥平衡，没有电压信号输出，即 $E=0$；当 R_2 上有红外辐射照射时，引起工作探测器的温度变化，R_2 的电阻值随之而变，电桥平衡被破坏，输出端有电压信号 E 输出。

非制冷型红外热像仪主要采用热释电和微测辐射热计 Bolometer 两种技术，$N \times M$ 多探测元非制冷型 FPA 红外热像仪代表当今红外热像仪的最高水平。实现非制冷红外焦平面有两种途径：微测辐射热计 FPA 和热释电探测器 FPA。实现微测辐射热计 FPA 技术有以下几种方法：

(1) 非晶硅微测辐射热计 FPA。法国研制成功单片式非制冷 FPA，热敏材料采用非晶硅材料，640×480 元阵列，工作波长为 8～13 μm，像元尺寸为 45 μm×45 μm。

(2) 氧化钒辐射热计 FPA。20 世纪 90 年代初，美国 Honeywell 传感器及系统开发中心提出氧化钒 FPA 的实现方法，即在电绝缘板上通过化学气相沉积技术或溅射技术沉积矩形氧化钒薄膜。电绝缘板是一种电阻型器件，它连接像元和硅读出电路，由两根细长支柱——微桥支撑，吸收外界红外辐射时温度升高引起材料的电阻变化。现已研制出 640×480 元的阵列，像元尺寸达到 $50 \ \mu m \times 50 \ \mu m$。

（3）温差电堆 FPA。1994 年日本防卫研究所研制的温差电堆 FPA，像元尺寸为 $100 \ \mu m \times 100 \ \mu m$，阵列为 128×128 元。

2）信号处理电路及显示方式

为了能够反映出各部分之间的温差，红外探测器输出的电信号必须经过放大和转换处理。为了消除红外探测器上的直流偏置，抑制大面积的背景噪声，减弱探测器的 $1/f$ 噪声，红外探测器与放大器之间的耦合方式均采用交流耦合。红外热像仪的图像处理系统可以实现被测目标的实时观察、测量和分析，实现热图像的采集、存储、增强、滤波去噪、伪彩色显示、图像运算、几何变换、传输和打印等功能。这些系统功能一般由微型计算机及相应的软硬件和辅助设备完成。

2. 红外热像仪的工作原理

红外热像仪是通过非接触探测红外热量并将其转换生成热图像和温度值在显示器上显示并同时对温度值进行计算的一种检测设备。红外热像仪能够将探测到的热量精确量化，能够对发热的故障区域进行准确识别和分析。

红外热像仪的成像系统一般有两种扫描方式：光机扫描成像和非扫描成像。光机扫描成像系统采用单元或多元（元数有 8、10、16、23、48、55、60、120、180 等）光伏或光电导红外探测器。用单元红外探测器时，由于帧幅响应时间不够快，所以速度慢。一般利用多元阵列红外探测器构成高速实时热像仪。非扫描成像的热像仪是新一代的热像装置，阵列式凝视成像的焦平面热像仪在性能上优于光机扫描式热像仪，今后可以逐步取代光机扫描式热像仪。焦平面热像仪的关键技术是由单片集成电路组成探测器，被测目标可以充满整个视场，而且仪器非常小巧轻便，图像更加清晰，同时具有连续放大、自动调焦、图像冻结以及点温、线温、等温显示和语音注释图像等功能，由于仪器普遍采用 PC 卡存储图像，存储容量可扩展到 500 幅图像。

发展到目前的红外热像仪已经是现代半导体技术、精密光学机械、微电子学、特殊红外工艺、新型红外光学材料与系统工程的产物，它利用红外探测器接收被测目标的红外线信号（红外接收系统），经信号处理系统放大和处理后送至显示器上，形成该目标温度分布的二维可视图像，如图 2-2 所示。

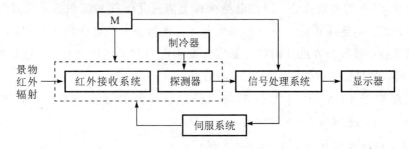

图 2-2 红外热像仪工作原理示意图

红外探测器类型是单元制冷型,红外接收系统的光学系统具有反射、透射汇聚功能,物空间光机扫描,摆动电机带动行扫描,步进电机则带动帧扫描。光学系统的构成包括两个焦点:第一焦点放置调制器,第二焦点放置探测器。调制器具有控制简单、体积小、相位准确等优点。设置第一焦点是为了在扫描过程中根据测温功能要求,定期利用调制器加入温度参考信号,而且在每行扫描的逆程时必须迅速插入光路,并完全遮挡光路。所以我们设置了第一焦点。又由于调制器的摆幅不大,因此将其放置在第一焦点处比较合适。

我们利用红外热像仪对图像进行定性观察过,要求图像分辨率高,所以一般不单设孔径光阑,尽量选择大的通光孔径。如图 2-3 所示,在进行调焦过程中,当主镜调整到虚线位置时,对应的孔径角发生变化,致使测温不准。如果加入孔径光阑则能够保持孔径角不发生变化,但信号能量会有所下降。若调焦过程中孔径角不变,则热像仪能够准确测温。当然如果调焦范围太大,那么信号下降的幅度也大。

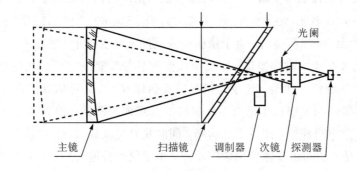

图 2-3 热像仪光学系统示意图

因此要权衡利弊,综合考虑。探测器窗口、孔径光阑、次镜镜筒的温度变化是影响测温的主要因素。在复杂的环境温度中,仪器的内部和外部温度都会随时发生变化。为了消除不利因素的影响,准确测温,可以在光路中加入快门或调制器,求出目标信号和参考源信号的差值,这样就可以达到准确测温的目的。

在仪器内部结构中，准确测量调制器挡片或快门的温度尤为重要。调制器挡片或快门属于运动部件，采取非接触测温方法比较适合这两个部件的测温。测量时应营造一个环境，使环境温度和调制器挡片温度尽量保持一致。通过调制器挡片或快门附近的温度传感器采集信号。在结构上，主要考虑对流、传导、辐射的影响，采取相应措施。对仪器内部的冷源或热源要加装保温或隔温层，尽量减少仪器内部的发热，使调制器挡片所处的环境温度保持稳定，不受其他因素干扰。为了使各部件和调制器挡片的发射率尽量接近于 1，可进行发黑处理，这样可以减小内部部件之间的相互辐射。

图 2-4 为红外热像仪的前置放大器框图。前置放大器是影响测温功能最关键的部分，它能够实现图像信号的放大、滤波，进行环境温度补偿，恢复直流成分等。图 2-4 中，红外探测器用 T 表示，温度传感器用 P 表示。

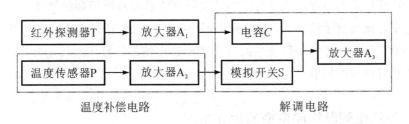

图 2-4　红外热像仪的前置放大器框图

红外热像仪依靠接收物体的辐射能量来成像，因其能量信号微弱，必须使用高增益放大器，带来的影响是放大器的直流漂移会增大。红外探测器如果选用电阻型的，那么也会产生比较大的直流漂移。如果第一级采用交流放大就能有效地消除直流漂移，所以在红外探测器和放大器之间需要接入一个电容，起到隔直通交作用。由于结构设计中使用了调制器，因此可以使用交流放大器。调制器有两个作用：一是对信号进行调制，把接收的光信号转换成交流电信号；二是在信号中加入温度参考源。

应慎重选择第一级放大器，它是影响测温精度的关键，也是影响图像质量的关键。对前置放大器中第一级放大器 A_1 的要求是：噪声低、动态范围大、增益稳定、失真小。

解调电路由模拟开关 S、电容 C、放大器 A_3 组成。因为信号的直流成分代表着物体的辐射能量，与温度有直接的对应关系，为了恢复信号的直流成分，信号在前置放大器中需要被解调，故在模拟开关 S 端加上定时脉冲信号，使开关处于导通状态。为了使加脉冲信号的时间和调制器挡片遮挡光路的时间相同，要求控制电路能够控制调制器，保持调制器与摆动电机同频同相，完全同步。

前置放大器的一个重要作用是温度补偿。必须准确测量环境温度，因为调制器的挡片温度会随着周围环境温度的变化而变化。为了使调制器挡片的温度和环境温度保持一致，需要在电路中对其进行温度补偿。电路中由放大器 A_2 和温度传感器 P 构成了环境温度补偿电路。补偿电路的补偿温度范围不能太大，否则必须进行曲线校正，因为温度传感器 P 和红外探测器 T 的温度曲线只是在一定范围内近似相等。

经过前置放大电路处理后，被测目标温度和图像的输出信号之间基本上能够一一对应，再经过非线性校正、温度标定、发射率修正后便得到物体的真实温度。

2.2 红外热像测温物理模型

红外热像仪精确测温存在的主要问题是发射率的影响及周围高温物体的影响，而且红外热像仪并不是直接测量温度的，红外探测器接收的辐射包括目标自身的辐射、目标对周围环境的反射辐射等，这些辐射经过大气衰减到达探测器，另外大气本身也有透射辐射，热像仪内部也有自身的辐射等。

2.2.1 红外热像测温物理模型的建立基础

热辐射原理如图 2-5 所示。图中：ε 为物体的发射率；τ 为大气透射率；T_{obj} 为被测物体温度；T_{atm} 为大气温度；T_{sur} 为环境温度；被测物体的辐射能为 εW_{obj}；大气辐射能为 $(1-\tau)W_{atm}$；周围环境的反射辐射能为 $(1-\varepsilon)\tau W_{sur}$。红外热像仪所获取的辐射能量包括物体的辐射、物体对周围环境的反射辐射、大气的辐射等。

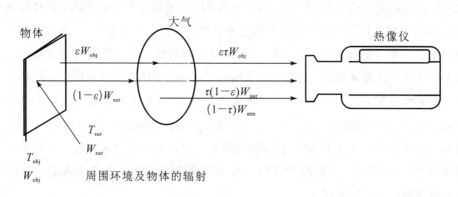

图 2-5　热辐射原理图

图 2-6 所示为红外探测器接收到的不同物体温度的辐射来源（测试条件：测试距离为 10 m，大气温度为 20℃，环境温度为 20℃）。

显然目标温度越低，测试越困难，目标的发射率越小，测试越困难。

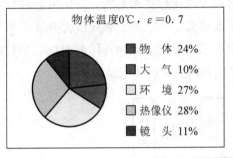

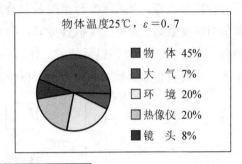

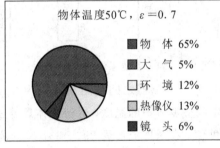

图 2-6　红外探测器接收到的不同物体温度的辐射来源

2.2.2　图像灰度与黑体温度的校准曲线

红外热像仪在显示器上显示的热图像，能够反映被测物体表面的热分布情况。红外探测器接收到的红外辐射能量和目标温度之间的关系不是线性的，同时还受物体表面发射率、反射率、大气衰减及物体所处环境的反射辐射等影响，热图像只给出了物体表面辐射温度的定性描述，如果想要通过热图像获得物体的绝对温度，则必须要与基准物体热像相比较方可标定绝对温度值。热像仪校准有两个原因：一是要把被测目标的辐射能量转化为温度，二是要补偿热像仪的内部辐射。应用最广泛的校准方法是在固定的较短距离下使用黑体，利用高精度的黑体炉作为标准，用红外热像仪测量其表面温度，作出光电转换器件输出信号与黑体炉温度的关系曲线。黑体发射的辐射能量与温度之间的关系是非线性的，可以通过红外热像仪光谱响应和普朗克辐射定律计算得到。为了建立辐射能量和温度之间的关系，对黑体进行不同温度的设置并对其进行测量，将测量结果与黑体精确的温度值进行拟合，就得到了校准曲线。具体的标定方法有两种：查找表法和拟合曲线法。查找表法是将在不同的精度及测量条件下得到的校准数据储存在存储器里，当进行温度测量时，直接查找相应的修正曲线表，就可以得到温度值。曲线拟合法是用最小二乘法将标定得到的数据进行拟合运算，得到灰度与温度的拟合曲线。这种方法比较简单易行，只要采集部分灰度值与温度数据，即可实现拟合运算。但是测量精度略低，只适用于测量精度要求不高的场合。图2-7是红外测温系统的工作过程框图。依据辐射定律，被测物体的温度以辐射能量的形式通过传感器转换成电信号，再经图像处理电路转化为图像灰度值。

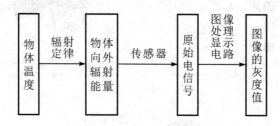

图2-7　红外测温系统的工作过程框图

校准曲线测试实验中，目标与探测器之间的距离设置为3 m，环境温度分别为13℃、20℃、22℃左右。实验时首先调整黑体炉的温度，保持黑体炉温度稳定，然后记录黑体热像图，找到图像上对应点的灰度值。在黑体温度为293～337 K的范围内测量实验数据，将不同环境条件下测得的实验数据分别记入表2-1至表2-3中。

表2-1　温度与灰度对应关系实验数据(环境温度：13℃)

温度/K	293	295	297	299	301	303	304	305	306	307	308	309	310
灰度	51	64	66	78	78	81	87	89	94	97	97	99	103
温度/K	311	312	313	314	315	316	317	319	321	325	329	334	337
灰度	106	108	114	114	115	123	123	132	140	170	185	219	232

表2-2　温度与灰度对应关系实验数据(环境温度：20℃)

温度/K	293	295	297	299	301	303	304	305	306	307	308	309	310
灰度	53	67	69	75	85	85	91	92	98	99	99	101	106
温度/K	311	312	313	314	315	316	317	319	321	325	329	334	337
灰度	107	108	110	113	117	121	123	140	145	173	192	223	237

表 2-3　黑体温度与图像灰度对应关系实验数据(环境温度：22℃)

温度/K	295	297	299	301	303	305	307	309	311	313	315
灰度	66	71	76	84	86	91	100	108	115	132	138
温度/K	317	319	321	323	325	327	329	331	333	335	337
灰度	146	153	165	172	183	191	204	212	223	238	243

　　通过镜头上的传感器将被测物体的红外辐射能量转换成电信号,再经过镜头后面的电路对这些原始电信号进一步处理转变成灰度值并在显示器显示出来。经过这样一个过程,就得到了图像灰度值和物体温度之间的对应关系,从而实现测温的目的。

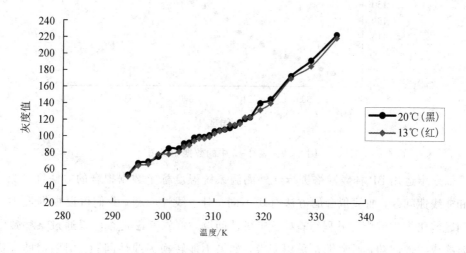

图 2-8　表 2-1 与表 2-2 中的实验数据拟合曲线

　　表 2-1 和表 2-2 中的实验数据拟合曲线如图 2-8 所示,表 2-1 中的数据在图 2-8 中用红色曲线标示,表 2-2 中的数据在图 2-8 中用黑色曲线标示。从两条曲线的分布可以看出,在同一黑体温度下的灰度值,表 2-1 的数据普遍低于表 2-2 的数据。这是因为表 2-1 和表 2-2 中的数据是在不同的环境温度下得到的,环境温度分别是 13℃ 和 20℃。黑体温度与图像的灰度之间存在着某种对应关系,证明利用红外热像仪测温可行。尽管数据有一定偏差,但曲线的走向大致相同。通过分析测量结果,发现其精确性受工作环境温度影响比较大,所以利用红外热像仪测温应在特定环境温度下使用测温模型。

　　近年来,随着神经网络研究的不断发展,其在工程领域中得到了非常广泛的应用。神经网络具有良好的非线性影射能力、高度的并行处理能力和可用于优化计算的特点,是进行实验数据曲线拟合的有效工具。

为了较为精确地得到黑体温度与图像灰度的关系，在 22℃ 的环境温度下，对黑体的每一温度设置点采集多组实验数据，经数据处理后，计算出算术平均值，如表 2-3 所示。

为了判断有无系统误差和粗大误差，计算表 2-3 中数据的算术平均值和残余误差，最后得出极限误差的算术平均值是 ±0.87786。图 2-9 是表 2-3 中的数据曲线图。

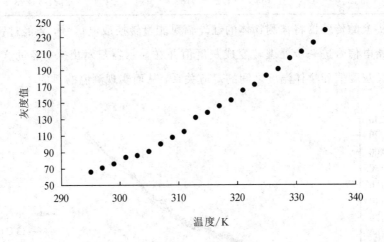

图 2-9　表 2-3 中的数据曲线图

下面介绍运用 BP 神经网络进行红外测温系统温度标定数据拟合的方法和结果。针对线性和非线性问题，曲线拟合的方法有所不同。对于线性问题，我们可以根据最小二乘原理将问题转化为求解线性方程组；对于非线性问题，首先考虑是否可以通过某些数学变换将其转换成线性问题，通常优先采用变换，如果不能转换为线性问题，则要借助最优化理论或求解非线性方程组来解决。如果实际工作中对理论模型没有要求，则神经网络是最快捷实用的新型方法，可以达到较高的拟合精度。

在允许的精度范围内，用神经网络法对数据进行拟合，结果直观、有效。对于有理论模型的曲线拟合，我们将神经网络学习和模拟结果进行比较，可以使问题更易于解决。下面对表 2-3 中的数据通过最小二乘法和 BP 神经网络两种实验方法进行曲线拟合。由于实际工作中需要根据灰度计算出温度数据，所以函数以温度 T 为变量，灰度 G 为自变量，并且温度由开氏转化为摄氏温度。

由于没有解析表达式，因此采用 BP 神经网络法比较适合。这里采用 1∶5∶1 的网络结构，应用神经网络算法对数据的因果关系进行逼近。第一层采用正切 S 型神经元，第二层采用线性神经元，经过 500 次训练，得到如图 2-10 所示的拟合曲线。

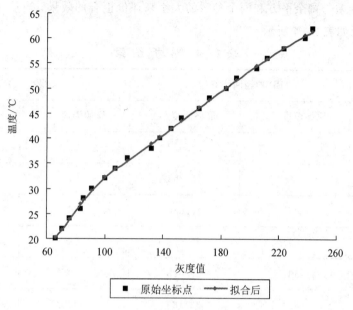

图 2-10 BP 神经网络拟合曲线

对于最小二乘法，由已知解析表达式 $g = at^2 + bt + c$，运用最小二乘法对数据进行拟合，拟合曲线如图 2-11 所示。

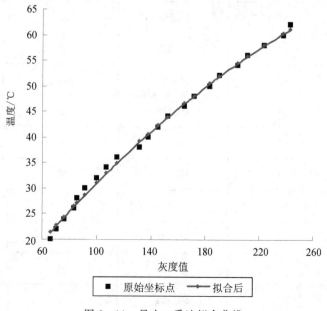

图 2-11 最小二乘法拟合曲线

可以用标准差与剩余平方和两个参数的大小来评价拟合的效果,当然这两个参数越小越好。分析结果如表2-4所示。

表2-4 分析结果

灰度值	BP神经网络算法		最小二乘法	
	原始温度/℃	最终温度/℃	原始温度/℃	最终温度/℃
66	22	21.672	22	22.726
71	24	23.793	24	24.340
76	26	26.830	26	26.435
84	28	27.696	28	27.049
86	30	29.628	30	28.542
91	32	32.189	32	30.978
100	34	33.891	34	32.933
108	36	35.529	36	34.948
115	38	38.969	38	39.077
132	40	40.242	40	40.516
138	42	41.882	42	42.298
146	44	43.456	44	43.944
153	46	46.143	46	46.641
165	48	47.595	48	48.052
172	50	50.115	50	50.488
183	52	51.688	52	51.921
191	54	54.474	54	54.516
204	56	55.921	56	55.868

续表

灰度值	BP 神经网络算法		最小二乘法	
	原始温度/℃	最终温度/℃	原始温度/℃	最终温度/℃
212	58	58.074	58	57.899
223	60	60.565	60	60.306
238	62	61.390	62	61.123
243	64	64.259	64	63.559
剩余平方和	—	3.937		19.029
剩余标准差	—	0.433		0.952

BP 神经网络算法拟合曲线的过程是全局寻优，通过实验验证得出采用 BP 神经网络算法拟合实验曲线时，不需要预先知道待拟合曲线的方程，只需根据系统的输入值及其对应的输出值即可进行拟合。与最小二乘法拟合相比，其拟合结果更加准确，尤其当变量间的非线性关系比较复杂，用最小二乘法不能拟合实验曲线时，BP 神经网络算法拟合实验曲线的优越性就显示出来了。

2.3 红外热像测温模型

红外热像仪的探测器一般由锑化铟或碲镉汞材料制成，它是一种光电转换器件，可以将接收到的红外热辐射能量转换为电信号，电信号经过放大、整形、模数转换后成为数字信号并通过图像的形式在显示器上显示出来。图像中每一点的灰度值都与被测物体上该点发出并到达光电转换器件的辐射能量一一对应。经过运算，被测物体表面每一点的辐射温度值就可以从红外热像仪的图像上准确读出。

2.3.1 红外热像测温模型分析

作用于热像仪的辐射照度为

$$E_\lambda = A_o d^{-2} [\tau_{a\lambda} \varepsilon_\lambda L_{b\lambda}(T_o) + \tau_{a\lambda}(1-\alpha_\lambda) L_{b\lambda}(T_u) + \varepsilon_{a\lambda} L_{b\lambda}(T_a)] \qquad (2-6)$$

其中，α_λ 为表面吸收率，ε_λ 为表面发射率，$\varepsilon_{a\lambda}$ 为大气发射率，$\tau_{a\lambda}$ 为大气的光谱透射率，T_o 为被测物体表面温度，T_a 为大气温度，T_u 为环境温度，d 为被测物体到测量仪器之间的距离，在一定条件下，$A_o d^{-2}$ 为常量，A_o 为目标的可视面积。

热像仪通常工作在某一个非常窄的波长范围内，如 $8\sim14\ \mu m$ 或 $3\sim5\ \mu m$ 之间，一般认为 ε_λ、α_λ、$\tau_{a\lambda}$ 与 λ 无关，可得红外热像仪的响应电压为

$$U_S = A_R A_o d^{-2} \left\{ \tau_a \left[\varepsilon \int_{\lambda_1}^{\lambda_2} R_\lambda L_{b\lambda}(T_o) \mathrm{d}\lambda + (1-a) \int_{\lambda_1}^{\lambda_2} R_\lambda L_{b\lambda}(T_u) \mathrm{d}\lambda \right] + \right.$$

$$\left. \varepsilon_n \int_{\lambda_1}^{\lambda_2} R_\lambda L_{b\lambda}(T_a) \mathrm{d}\lambda \right\} \tag{2-7}$$

式中，A_R 为热像仪透镜的面积。令 $K = A_R A_o d^{-2}$，$\int_{\lambda_1}^{\lambda_2} R_\lambda L_{b\lambda}(T) \mathrm{d}\lambda = f(T)$，则式(2-7)变为

$$U_S = K \left\{ \tau_a \left[\varepsilon f(T_o) + (1-a) f(T_u) + \varepsilon_a f(T_a) \right] \right\} \tag{2-8}$$

根据普朗克黑体辐射定律，可得

$$T_r^n = \tau_a \left[\varepsilon T_o^n + (1-a) T_u^n \right] + \varepsilon_a T_a^n \tag{2-9}$$

被测物体表面真实温度的计算公式为

$$T_o = \left\{ \frac{1}{\varepsilon} \left[\frac{1}{\tau_a} T_r^n - (1-a) T_u^n - \frac{\varepsilon_a}{\tau_a} T_a^n \right] \right\}^{\frac{1}{n}} \tag{2-10}$$

当使用不同波段的热像仪时，n 的取值不同。对 InSb(波长范围为 $3\sim5\ \mu m$)探测器，n 值为 8.68；对 HgCdTe(波长范围为 $6\sim9\ \mu m$)探测器，n 值为 5.33；对 HgCdTe(波长范围为 $8\sim14\ \mu m$)探测器，n 值为 4.09。

当被测物体表面满足灰体近似条件，即 $\varepsilon = \alpha$，且认为大气 $\varepsilon_a = \alpha_a = 1 - \tau_a$ 时，则式(2-8)变为

$$U_S = K \left\{ \tau_a \left[\varepsilon f(T_o) + (1-\varepsilon) f(T_u) \right] + (1-\tau_a) f(T_a) \right\} \tag{2-11}$$

式(2-9)变为

$$T_r^n = \tau_a \left[\varepsilon T_o^n + (1-\varepsilon) T_u^n + \left(\frac{1}{\tau_a} - 1 \right) T_a^n \right] \tag{2-12}$$

式(2-10)变为

$$T_o = \left\{ \frac{1}{\varepsilon} \left[\frac{1}{\tau_a} T_r^n - (1-\varepsilon) T_u^n - \left(\frac{1}{\tau_a} - 1 \right) T_a^n \right] \right\}^{\frac{1}{n}} \tag{2-13}$$

这是灰体表面真实温度的计算公式。

当近距离测温时，忽略大气透过率的影响，即式 $\tau_a = 1$，则式(2-12)、式(2-13)变为

$$T_r = T_o \left\{ \varepsilon \left[1 - \left(\frac{T_u}{T_o} \right)^n \right] + \left(\frac{T_u}{T_o} \right)^n \right\}^{\frac{1}{n}} \tag{2-14}$$

$$T_{o} = \left\{ \frac{1}{\varepsilon} \left[T_{r}^{n} - (1 - \varepsilon) T_{u}^{n} \right] \right\}^{\frac{1}{n}} \qquad (2-15)$$

这是典型的红外热像测温公式。

当被测表面温度远远大于环境温度时，即 $T_{u}/T_{o} \gg 0$，则式(2-14)、式(2-15)变为

$$T_{r} = \varepsilon^{\frac{1}{n}} T_{o} \qquad (2-16)$$

$$T_{o} = \frac{T_{r}}{\sqrt[n]{\varepsilon}} \qquad (2-17)$$

如果知道了被测物体表面的发射率，就可以根据测出的辐射温度和环境温度用式(2-15)、式(2-17)计算出被测物体表面的真实温度。被测物体表面上两点的温度差也可由式(2-15)算出。若测出目标表面两点的辐射温度分别是 T_{r1} 和 T_{r2}，则这两点的真实温度差为

$$\Delta T = T_{o1} - T_{o2} = \frac{1}{\varepsilon^{\frac{1}{n}}} \left\{ \left[T_{r1}^{n} - (1 - \varepsilon) T_{u}^{n} \right]^{\frac{1}{n}} - \left[T_{r2}^{n} - (1 - \varepsilon) T_{u}^{n} \right]^{\frac{1}{n}} \right\} \qquad (2-18)$$

若对发射率 ε 估计不准，则对一些实际应用设备，利用设备的相对温差来识别故障也不准确。所以在进行温度测量时，必须尽量准确地测量出被测物体表面的发射率。被测物体表面的真实温差与其发射率 ε 有关。当 $\varepsilon = 1$ 时，可认为被测物体表面是黑体，则 $\Delta T = T_{o1} - T_{o2} = T_{r1} - T_{r2}$。热像仪指示的辐射温差就是真实温度差。当 $\varepsilon < 1$ 时，被测物体表面两点间的温差随 ε 的取值不同而不同。ε 取值越小，两点间的温差就越大。

2.3.2 红外热像仪的温度计算

红外热像仪的温度计算、显示及分析模块结构如图 2-12 所示。利用红外热像仪可以进行温度的测量、显示以及温度数据的分析等，包括点温、线温、面温的分析显示。软件还包括温度校准曲线的修改功能。

红外热像仪红外图像的伪彩色值与其温度有一一对应的关系，伪彩色值与热值满足以下关系式：

$$I = \frac{X - 128}{256} R + L \qquad (2-19)$$

式中：I——红外图像的热值；

L——热像仪的热平；

R——热像仪的热范围。

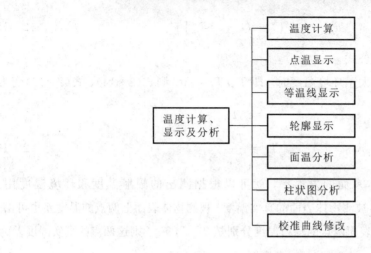

图 2-12　红外热像仪温度计算、显示及分析模块结构图

利用红外图像的热值与绝对温度的关系，可计算出红外图像各点的温度，其关系式如下：

$$I_{o} = \frac{I}{\tau \varepsilon} \tag{2-20}$$

式中：I_{o}——实际的热值；

τ——透射率；

ε——物体发射率。

物体的测量温度为

$$t = \frac{B}{\lg\left[\left(\dfrac{A}{I_{o}}+1\right)/F\right]} - 273.15 \tag{2-21}$$

其中：A、B 为红外热像仪标定曲线常数；对于短波系统，F 为 1。据式（2-21）就可计算出物体的温度值。

2.3.3　红外热像仪测温误差计算

对式（2-10）微分可得

$$\frac{dT_{o}}{T_{o}} = \frac{1}{n\varepsilon T_{o}^{n}}\left\{-\left[\frac{1}{\tau_{a}}T_{r}^{n}-(1-\alpha)T_{u}^{n}-\frac{\varepsilon_{a}}{\tau_{a}}T_{a}^{n}\right]\frac{d\varepsilon}{\varepsilon}+T_{u}^{n}d\alpha+(\varepsilon_{a}T_{a}^{n}-T_{r}^{n})\frac{d\tau_{a}}{\tau_{a}^{2}}-\right.$$

$$\left.\frac{T_{a}^{n}}{\tau_{a}}d\varepsilon_{a}+\frac{n}{\tau_{a}}T_{r}^{n}\frac{dT_{r}}{T_{r}}-(1-\alpha)nT_{u}^{n}\frac{dT_{u}}{T_{u}}-\frac{n\varepsilon_{a}}{\tau_{a}}T_{a}^{n}\frac{dT_{a}}{T_{a}}\right\} \tag{2-22}$$

用红外热像仪测温公式计算的目标真实温度的误差将受到 ε、τ_a、ε_a、α、T_r、T_u 和 T_a 的测量误差影响。由式(2-22)可以得出热像仪测温误差的大小。

因为大气满足灰体特性,所以当认为被测体也是灰体时,式(2-22)变为

$$\frac{\mathrm{d}T_o}{T_o} = \frac{1}{n\varepsilon T_o^n}\left\{-\left[\frac{1}{\tau_a}T_r^n - T_u^n + \left(1-\frac{1}{\tau_a}\right)T_a^n\right]\frac{\mathrm{d}\varepsilon}{\varepsilon} + (T_a^n - T_r^n)\frac{\mathrm{d}\tau_a}{\tau_a^2} + \right.$$

$$\left. \frac{n}{\tau_a}T_r^n\frac{\mathrm{d}T_r}{T_r} - (1-\varepsilon)nT_u^n\frac{\mathrm{d}T_u}{T_u} + \left(1-\frac{1}{\tau_a}\right)nT_a^n\frac{\mathrm{d}T_a}{T_a}\right\} \qquad (2-23)$$

因此得出对于灰体目标,ε、τ_a、T_r、T_u 和 T_a 的测量误差直接影响真实温度的计算误差。

在实验室内或近距离测温时,可以忽略 τ_a 的影响(认为大气透过率 $\tau_a = 1$)。式(2-23)可简化为

$$\frac{\mathrm{d}T_o}{T_o} = \frac{1}{n\varepsilon T_o^n}\left[(T_u^n - T_r^n)\frac{\mathrm{d}\varepsilon}{\varepsilon} + nT_r^n\frac{\mathrm{d}T_r}{T_r} - (1-\varepsilon)nT_u^n\frac{\mathrm{d}T_u}{T_u}\right] \qquad (2-24)$$

$$\frac{\mathrm{d}T_o}{T_o} = \frac{1}{n\varepsilon}\left\{\left[\left(\frac{T_u}{T_o}\right)^n - \left(\frac{T_r}{T_o}\right)^n\right]\frac{\mathrm{d}\varepsilon}{\varepsilon} + n\left(\frac{T_r}{T_o}\right)^n\frac{\mathrm{d}T_r}{T_r} - (1-\varepsilon)n\left(\frac{T_u}{T_o}\right)^n\frac{\mathrm{d}T_u}{T_u}\right\} \qquad (2-25)$$

当被测物体温度 T_o 远远高于环境温度 T_u 时,T_u/T_o 可忽略,结合式(2-16),式(2-25)可以简化为

$$\frac{\mathrm{d}T_o}{T_o} = -\frac{1}{n}\frac{\mathrm{d}\varepsilon}{\varepsilon} + \frac{\mathrm{d}T_r}{T_r} \qquad (2-26)$$

式(2-26)与朱德忠在电子玻璃料滴表面温度测量文献中的结论类似。文献中 n 取 4,仅适合全辐射高温计的测温误差计算和长波热像仪(波长范围为 $8\sim14~\mu m$)测温误差计算。在实际使用红外热像仪时,必须综合考虑红外辐射测温的影响因素。

根据以上分析得出如下结论:

(1)利用红外热像仪测温时,其测温的准确性主要受被测物体表面特性的影响,当然大气发射率、大气透射率、背景温度、大气温度等因素的影响也不容忽视。当这些参数中任何一个的测量不准时,都会影响被测物体真实温度计算的精度。在复杂的环境条件下,被测物体表面的发射率和吸收率等都很难准确估计,这势必造成实际测量时精度低、误差大。另外,绝大多数红外热像仪在计算被测物体的真实温度时,均将被测体视为灰体。因为采用了诸多的近似条件,所以红外热像仪测温精度低也是避免不了的。

(2)采用不同波段的红外热像仪测温时,若用测出的辐射温度计算表面真实温度,则一定要注意 n 的取值。对短波热像仪(波长范围为 $3\sim5~\mu m$),$n=8$。对长波热像仪(波长范围为 $8\sim14~\mu m$),$n=4$。由于不同探测器的光谱响应不同,因此不同型号的红外热像仪因

选择的探测器不同，即使工作在同一个波段，辐射能随温度的变化也不尽相同。

（3）利用辐射测温方程及目标温度场和等效温度场的转换模型，可通过红外热像仪测得的辐射温度准确计算出被测物体表面的真实温度。计算公式中需要准确输入被测物体表面的发射率、吸收率、背景温度、大气温度、大气发射率和大气透射率等一系列参数，被测物体表面真实温度的测量误差可通过上述参数的误差大小计算得出。

（4）用红外热像仪测温时，对于一些满足灰体近似条件的非金属表面，测温误差主要受物体表面发射率的影响，大气透射率、大气温度和环境温度等的影响也不容忽略。当近距离测温时，可以忽略大气透射的影响，即 $\tau_a=1$。这时测温误差仅受环境温度和表面发射率的影响。当发射率取值不准时，既影响被测物体表面真实温度的计算精度，又影响被测物体表面任意两点间的相对温差的准确性。这样就给利用表面绝对温度和相对温差来判断设备是否正常运转造成困难，很难辨识出设备有故障发生，从而导致误报和漏报。当然，对于满足灰体条件的物体表面，只要能够准确给出被测物体的发射率，就可以利用红外热像仪获得较高的测温精度。

本 章 小 结

本章介绍了红外热像测温理论及热辐射的基本定律，红外热像仪的组成和工作原理，还介绍了红外热像仪测温的辐射通路及红外探测器接收到不同物体温度的辐射来源，辐射测温公式及目标温度场和等效温度场的转换模型等。通过实验测得在不同测量条件下的校准曲线，采用 BP 神经网络算法将其应用于温度标定物理实验中的灰度与温度的特性曲线拟合，并在 MATLAB 下通过训练和仿真验证了应用 BP 神经网络算法拟合实验曲线的优越性。通过对被测物体表面温度和发射率、吸收率、大气透射率、大气温度以及环境温度之间影响关系的分析，研究了红外热像仪精确测温技术，给出了包括被测物体表面温度和发射率、吸收率、大气透射率、大气温度和环境温度在内的红外热像测温模型。这对于提高红外热像仪的测温精度，减少不必要的测量误差具有非常重要的现实意义，为红外热像仪的精确测温提供了保证。

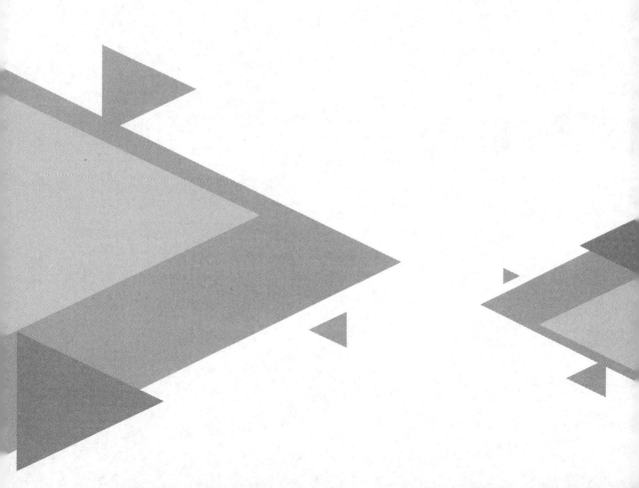

第 3 章

红外热像仪精确测温技术

3.1 红外热像测温技术概述

目前，人们经常使用红外热像仪测量得到的温度并不是物体的真实温度，而是辐射温度。辐射温度虽然经过了大气传输因子等的修正，但它与物体表面的真实温度之间仍存在一定的差异。只有知道物体的材料发射率，才能求出物体的真实温度。现有常用的红外热像仪测温只是对我们选定目标区域进行较为精确的测温与目标定位，对于其余的区域，只要其发射率和选定目标区域的发射率不同，热图中显示的色温就肯定不是目标实际温度，因此实际目标热图和红外热像仪所采集到的热图之间就不是一一对应的关系。这是红外热像仪测温只对选定目标区域进行测温存在的致命缺陷(红外热像仪的基本原理实际上是探测器对不同区域辐射通量的响应，关键部件探测器响应的并不是单一的温度、波长或发射率，而是三者的有机结合)。如果我们想知道其他区域对应目标的真实温度，那么就必须对输入的发射率进行修正，即选取另一目标作为区域目标，也就是将发射率由 ε_1 改为 ε_2，这在实际的温度测量中操作很繁琐。我们要设法消除这种繁琐，让红外热像仪的显示热图和被成像目标热图的真实温度较为真实地表现出一一对应关系。

物体表面的发射率一般不易在线测量，影响它的因素包括物体的组分、表面状态和考察波长，还与物体所处的温度有关。而且随着表面状态的改变发射率值也发生改变，所以围绕着如何测准来自被测物体的能量和如何将测得的能量转换成被测物体的真实温度这两项技术进行的研究一直在不断深入。与这两项研究有关的内容涉及仪器的测量范围、精度、距离和目标大小、响应时间和稳定性，在实际应用中，还涉及被测物体的光谱发射和辐射传递通路中的介质对辐射传递的影响等。

3.2 红外热像测温的影响因素

红外线的波长范围是 $0.76 \sim 1000~\mu\mathrm{m}$。自目标发射出来的红外辐射需要在大气中传播一段距离才能到达探测仪器，在这个过程中除了辐射本身的几何发散外，红外辐射在大气中传播也会被衰减。组成大气的气体包括氧气、氮气、氩气，它们占大气成分的99％以上，但它们不吸收波长在 15 μm 以下的红外线，否则红外技术在野外根本没法使用。对红外辐射具有吸收作用的主要气体是水汽、二氧化碳和臭氧(O_3)，加上甲烷、一氧化碳等的吸收作用，造成了红外辐射的衰减，在不同波段形成了红外线吸收带。把波长范围为 1～15 μm 的红外辐射通过 1 海里长度的大气透射比实验发现，只有处于红外吸收带之间的红外辐射才能够透过大气向远处传输。其中有 3 个透过大气的红外波段，波长范围分别为 1～3 μm、3～5 μm、8～14 μm，这 3 个波段称为"大气窗口"，红外测温系统常常工作在这 3 个大气窗口。其中波长范围为 3～5 μm、8～14 μm 的波段分别称为"短波"和"长波"窗口。这两个窗口对红外辐射均敏感，但两个波长范围特性不同，红外测温系统在长波窗口主要进行低温及远距离的测温，而在短波窗口能在较宽的范围内实现最佳功能，达到良好的测温要求。

大气吸收是影响测温精度的因素之一，红外热像仪特性、目标特性、测量距离等因素也直接影响测温的准确性。为了实现温度的精确测量和便于操作，在热像系统中大多数红外热像仪实现的精度补偿有：① 镜头视场外的辐射补偿；② 不同操作温度下的补偿，如夏天和冬天；③ 红外热像仪内部的漂移和增益补偿。为了保证测温精度，应根据实际情况对发射率、环境温度、距离、湿度等基本参数按要求设置。

实际测温过程中的影响因素包括发射率、光路上的散射与吸收、背景噪声、红外热像仪的稳定性。随测量条件不同这些因素的影响程度也不同。必须进行准确校准以保证测温精度。换句话说，在实际测量时必须准确地设定各参数值，才能得到精确的温度测量值。

3.2.1 发射率的影响

发射率是影响红外热像仪测温精度的最大不确定因素。发射率受表面条件、形状、波长和温度等因素的影响。要想得到物体的真实温度，必须精确设定物体的发射率值。

1. 不同材料性质的影响

材料性质的差异，不仅包括材料的化学组分和化学性质的差异，还包括材料的内部结构(如表面层结构和结晶状态等)和物理性质的差异。材料的性质不同，材料的发射性能、辐射的吸收或透射性能都不同。绝大多数非金属材料在红外光谱区的发射率都比较高，而绝大多数纯金属表面的发射率都很低。当温度低于 300 K 时，金属氧化物的发射率一般都会超过 0.8。

2. 表面状态的影响

没有绝对光滑的物体表面，任何实际物体都有不同的表面粗糙度，其表面总会表现为凹凸不平的不规则形貌。不同的表面形态既影响反射率，也影响发射率。材料的种类和粗糙的程度直接影响发射率。表面粗糙度对金属材料的发射率影响比较大，而对非金属的电介质材料影响较小或根本无关。当辐射光垂直入射时，金属表面粗糙度对反射率的影响关系如下：

$$\frac{\rho}{\rho_0} = \exp\left[-\left(\frac{4\pi r}{\lambda}\right)^2\right] + 32\pi^4\left(\frac{\Delta\alpha}{m}\right)^2 \qquad (3-1)$$

式中：ρ 和 ρ_0 分别是对于同种金属，在半角为 $\Delta\alpha$ 接收立体角时测量的粗糙表面和理想光滑表面的反射率；λ 是入射辐射波长；r 是表面的均方根粗糙度；m 是表面的均方根斜率。

式(3-1)表明金属表面越粗糙反射率越低，发射率越高。如果粗糙表面上疙瘩的高度超过辐射波长数倍时，可按下式计算粗糙表面的发射率：

$$\varepsilon = \varepsilon_0\left[1 + 2.8(1-\varepsilon_0)^2\right] \qquad (3-2)$$

式中 ε_0 是光滑表面的发射率。

影响材料发射率的因素除了表面粗糙度外，还有金属表面形成的氧化膜、尘埃等污染层，人为施加的润滑油以及其他如漆膜或涂料等的沉积物。这些因素对表面发射率的影响程度至今仍然很难用数学分析表达式去定量描述。

3. 温度的影响

发射率和温度的关系很难用统一的分析表达式定量概括，因为不同材料在不同波长和温度范围内发射率的变化也不一样，虽然很多情况下可以认为发射率随温度变化，但发射率到底随温度怎样变化却没有明确的分析结论。一般实验表明，绝大多数纯金属材料的发射率近似随开氏温度成比例增大，但比例系数却与金属电阻率有关；绝大多数非金属材料的发射率随温度的升高而减小。

图 3-1 和图 3-2 分别为氧化和未氧化的某种航天用碳材料在不同温度下的光谱发射率。从图中可以看出，表面氧化后发射率有较大的提高，随着温度的增加发射率反而有不同程度的下降。这些规律与金属材料的发射率规律吻合。

被测物体表面的发射率是影响红外热像仪测温精度的最大不确定因素。

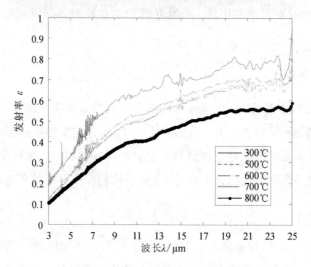

图 3-1　某材料(未氧化)光谱发射率

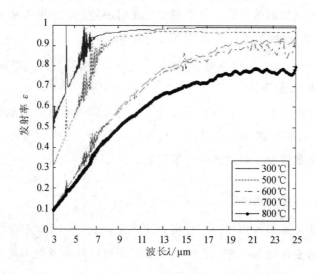

图 3-2　某材料(氧化)光谱发射率

任何物体的发射率都等于它在相同温度和相同条件下的吸收率。物体表面辐射能力的强弱可以用物体的发射率来表征。根据测量发射率时相角的不同,可以把发射率分为方向发射率和半球发射率。如果只比较和观测某一波长上的辐射,则称为光谱发射率;如果被观测的辐射包括 0～∞ 的波长范围,则称为全发射率,红外辐射测温中采用的是全发射率。

表面状况包括表面粗糙度、氧化层厚度、物理或化学污染杂质等。作为表征材料表面辐射特性的一个物理量,发射率的大小与表面温度、发射角度、辐射波长、偏振方向有关,这种依赖关系主要受表面状况的影响。真正测温时，如果仅输入发射率一个参数，那么测温精度会大打折扣。选择的测温仪器不同，发射率的影响也不相同。

若采用辐射温度计，测得的辐射温度的误差为

$$\left(\frac{dT_o}{T_o}\right)_r = \frac{1}{4}\left(\frac{d\varepsilon_T}{\varepsilon_T}\right) \tag{3-3}$$

若采用单色温度计，测得的亮度温度的误差为

$$\left(\frac{dT_o}{T_o}\right)_s = \frac{\lambda T_r}{c_2}\left(\frac{d\varepsilon_\lambda}{\varepsilon_\lambda}\right) \tag{3-4}$$

若采用比色温度计，测得的辐射温度的误差为

$$\left(\frac{dT_o}{T_o}\right)_c = \frac{\dfrac{\lambda T_a}{c_2}\left(\dfrac{d\varepsilon_{\lambda_1}}{\varepsilon_{\lambda_2}}\right)}{\dfrac{\varepsilon_{\lambda_1}}{\varepsilon_{\lambda_2}}} \tag{3-5}$$

若采用一般的热像仪，测温误差为式（2-22）。

从式（3-4）、式（3-5）可看出，测量的温度越高，由发射率的变化引起的误差也越大。另外，从式（2-22）可看出，n 的取值与工作波段的选取有关，n 的取值不同时，测温误差大小也不同。长波热像仪测温误差比短波热像仪的测温误差要大得多。

图 3-3 是由红外热像仪拍摄的红外温谱图。不同物体表面发射率不同,实验时皮肤表面发射率设定值为 0.98,仪器表面发射率设定值为 0.9。

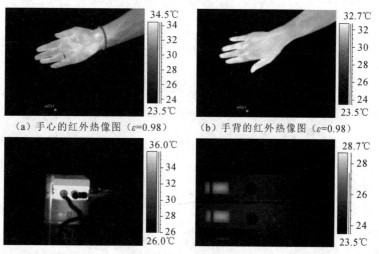

（a）手心的红外热像图（$\varepsilon=0.98$）　　（b）手背的红外热像图（$\varepsilon=0.98$）

（c）运转中的仪器背面的红外热像图（$\varepsilon=0.9$）（d）运转中的仪器正面的红外热像图（$\varepsilon=0.9$）

图 3-3　红外热像仪拍摄的红外温谱图

图 3-3 中相邻热像图的拍摄间隔为 2 s，因此，可以忽略由时间造成的误差。查红外热像仪使用手册可知，20~100℃时玻璃的发射率为 0.91~0.94，实验时发射率取值为 0.92。拍摄热像图时仅改变 ε 的取值，其他条件不变。从图 3-3 中可以看出，ε 的取值不同，对测温精度的影响非常大。

考虑了热像仪镜头影响等因素的辐射测量公式如下：

$$I_{\text{measured}} = I(T_{\text{obj}}) \cdot \tau \cdot \varepsilon + \tau \cdot (1-\varepsilon) \cdot I(T_{\text{sur}}) + (1-\tau) \cdot I(T_{\text{atm}}) + i_{\text{img}} \quad (3-6)$$

其中：$I(T)$ 是温度为 T 的黑体辐射的热值；I_{measured} 为测量总辐射的热值（辐射的仪器读数）；i_{img} 为扫描器内部的热辐射。当物体的温度较低时，为了达到准确测量的目的，必须从总辐射能量中扣除环境、大气和扫描器的热辐射，而扫描器的热辐射 i_{img} 在其内部已被补偿，因此在式(3-6)中可以略去 i_{img} 项。

图 3-4 是由于假定发射率错误引起的温度误差-发射率图，图 3-4(a)是物体温度为 50℃时的温度误差-发射率图，图 3-4(b)是物体温度为 200℃时的温度误差-发射率图。当发射率为 0.7，真实温度为 50℃，发射率偏离 0.1 时，对于波长范围为 3~5 μm 的红外热像仪来说，测温结果偏离真实温度 0.76~0.89℃；对于波长范围为 8~14 μm 的红外热像仪来说，测温结果偏离真实温度 1.56~1.87℃。可以看出，波长范围为 3~5 μm 的红外热像仪对发射率误差灵敏性较低，特别在目标温度较高时。图 3-4 所示结果与理论分析基本一致。

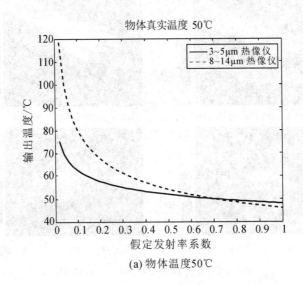

(a) 物体温度50℃

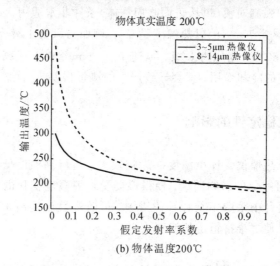

(b) 物体温度200℃

图 3-4 温度误差-发射率图(假定发射率错误)

3.2.2 背景噪声的影响

利用红外热像仪进行辐射温度测量时,由于信号非常小,往往被背景噪声淹没,所以常温以下的温度测量必须考虑背景噪声的影响。在室内进行温度测量时,周围高温物体等的反射光也会影响待测物体温度的测量结果;室外主要的背景噪声是阳光的直接辐射、折射和空间散射。因此在测温时必须考虑各种影响因素,采取的基本对策如下:

(1)在待测物体附近设置屏蔽物,以减少外界环境的干扰。

(2)准确对准焦距,防止非待测物体的辐射能进入测试角。

(3)室外测量时,选择晚上或有云天气以排除日光的影响。

(4)通过制作小孔或采用高发射率的涂料等方法提高发射率,使之接近于1。

3.2.3 光路上吸收的影响

空气中的水、二氧化碳、臭氧、一氧化碳等均吸收红外线。利用红外热像仪进行测温时,根据仪器自身的适应性和实际的工作环境,主要考虑水蒸气对测温精度的影响。在风力较大的情况下,被测物体温度会下降。风速冷却对流也会影响到测温精度。瑞典国家电力局定义了风力影响的修正公式:

$$T_2 = T_1 \times \left(\frac{F_1}{F_2} \right)^{0.488} = T_1 \times \sqrt{\frac{F_1}{F_2}} \qquad (3-7)$$

式(3-7)对室外的强制对流(风从正面吹向物体)条件非常适用。式(3-7)中,风速 F_1 下的过热温度为 T_1,风速 F_2 下的过热温度是 T_2。例如当风力 1 级、风速 $F_1 = 1$ m/s 时,测得过热温度为 $T_1 = 60℃$,则风力 3 级、风速 $F_2 = 4$ m/s 时,计算得到过热温度 T_2 为 30℃。如果不考虑风速的冷却作用,就会导致严重的测量误差。

3.2.4 红外热像仪稳定性的影响

实际测温时,红外热像仪受环境温度的影响较大。当待测温度低于常温时,由于红外透镜自身存在一些不可避免的影响因素,使得仪器受环境温度变化的影响甚至大于信号变化的影响。尽管仪器设计中采取了某种补偿措施,但若环境温度高于规定值,则使用仪器时必须使仪器冷却,并使之维持恒定的温度。

3.2.5 对红外热像仪本身所发出辐射的补偿

一个设计完好的热像仪对于来自热像仪本身及其光学元器件的辐射能够自动补偿,但是,很少有热像仪能够恰当地补偿。因此,被测目标的温度依赖于热像仪的温度。由于目标不是黑体或白体,所以导致不发生 100% 反射或透射,因此热像仪本身的辐射主要来自于光学元件(如平面镜、透镜)对被测物体辐射产生的衰减。为了证明精确补偿的重要性,我们进行了辐射补偿前后的系统温度漂移。图 3-5 为系统的温度漂移误差与热像仪的内部温度关系图。图 3-5(a)是物体温度为 50℃ 时的温度漂移误差图,图 3-5(b)是物体温度为 100℃ 时的温度漂移误差图。

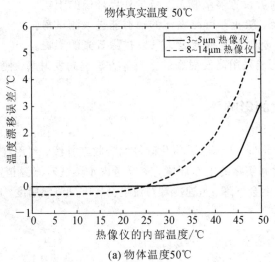

(a) 物体温度50℃

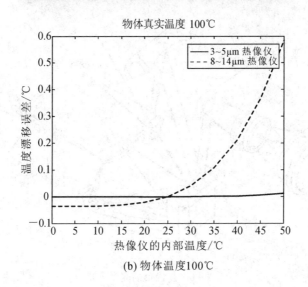

(b) 物体温度100℃

图 3-5　温度漂移误差与热像仪的内部温度关系图

由图 3-5 所示可以看出，内部辐射补偿不充分的热像仪在除标定环境外的其他环境中使用时会产生误差。热像仪由于自身功率消耗而加热，因此被测温度将是其开始工作后时间的函数。

构成热像仪内部辐射补偿的最常见的方式是在热像仪内部使用以温度为参考的钳位系统，热像仪的光学通道如图 3-6 所示。虚线左边是用温度传感器微处理系统补偿光学镜片所发出的辐射，虚线右边是用钳位温度参考系统补偿光学镜片所发出的辐射。以温度为参考的钳位系统可以通过若干断路器阵列被校验或被转换到光学通道中。由于增益或偏移量随内部温度而变化，通常在不同温度下最好有两个参考温度，这可以同时补偿增益和偏移。温度参考和探测器之间光学元件的辐射，不同背景对探测器的辐射，探测器和电子器件老化，光学通道中滤波器和光圈因透镜温度变化引起的传输差异等，这些都需要正确补偿。

由图 3-6 所示光机扫描像仪的光学通道可知，该系统补偿了从温度参考至探测器之间的光学元件辐射。由于参考必须被放在热像仪内部，故在温度参考前的光学元件辐射必须由另一种方式来补偿，一种有效的方式是用温度传感器测量温度参考前所有光学元件的真实温度，然后利用微处理器计算并消除光学元件对探测器的这种入射辐射。

为了使这个系统具有对外部光学元件（望远镜透镜、热屏蔽、显微镜等）补偿的作用，所有的透镜都必须装配温度传感器。这种补偿所用的公式为

$$I_{det} = \tau_1 \cdot \tau_2 \cdot \tau_3 \cdots \tau_n \cdot I(T_{obj}) + \tau_2 \cdot \tau_3 \cdots \tau_n \cdot (1-\tau_1)I(T_1) +$$
$$\tau_3 \cdots \tau_n \cdot (1-\tau_2)I(T_2) + \cdots + (1-\tau_n)I(T_n) \qquad (3-8)$$

与测量公式(3-6)相似，并由各光学元件组成。

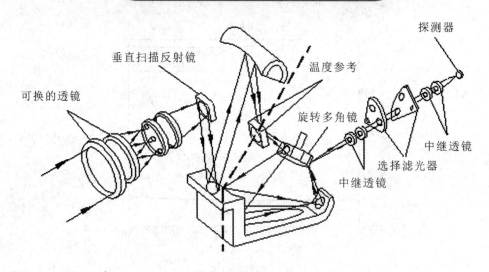

图 3 - 6　热像仪的光学通道

3.3　物体发射率的测量

　　根据目的不同设定发射率的方法多种多样。仪表电路中装有发射率设定和运算电路，主要用于辐射测温仪的研究和改进。为了提高目标表面发射率的数值，可以采取人为方法对目标造成人工黑体条件，如使用带有各类黑体腔的温度计，在目标表面涂抹已知发射率的涂层等。对于不同种类的发射率，人们针对不同用途采取了不同的方法。当研究辐射热质和热损耗问题时，采用量热法测量物体表面半球全发射率；法向光谱发射率的测量主要采用发射度量比较法，少数借助光谱发射率的测量技术。用发射度量比较法测量法向或光谱发射率时，首先在给定温度下收集样品小立体角内发射的辐射，然后经分光计分光，只测量出中心在指定波长处的一个窄波带辐射，最后把该测量值与同样条件下黑体源得到的测量值相比。具体测量的多种方案中，相关内容总结如下：

　　(1) 加热样品的方法，包括附加电阻加热器的热传导、对流或旋转样品炉等样品加热。

　　(2) 比较的方法，包括单光路和双光路。

　　(3) 分光计的类型，可采用棱镜或光栅式单色仪、滤光片等。

　　(4) 温度测量和控制方法，有热电偶、辐射高温计、光学或手动或自动控制。

　　(5) 测量的光谱范围取决于分光计和探测器的工作波段。

（6）所用的比较黑体的类型，包括独立的实验室黑体源，在样品中开的参比黑体腔孔或加热样品的炉子等。

（7）数据处理方法，在一个宽的波长范围内自动记录或逐个波长的测量比较。

总结前人的经验，测量或修正发射率比较成功的方法有六种。

3.3.1　发射率修正法

由于发射率随温度不同而改变，所以使用发射率修正法的测温精度不高。它是利用其他设备测得物体的发射率，然后用这个发射率数据去修正测温结果，从而得到物体的真实温度。

3.3.2　减小发射率影响法（或称逼近黑体法）

减小发射率影响法是采取一定措施使被测物体表面的有效发射率增加且接近于1。比较常用的两种方法如图 3-7 和图 3-8 所示。图 3-7 所示为收集辐射反射法示意图，包括平板反射镜法、半球反射法、圆筒反射镜法。比较适合于轧板等大平板物体。由于要靠近被测物体，水汽、粉尘比较大，故该方法不适用于高温物体的测温。

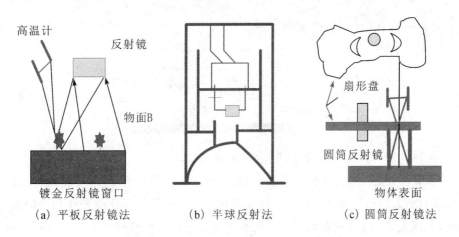

（a）平板反射镜法　　　（b）半球反射法　　　（c）圆筒反射镜法

图 3-7　收集辐射反射法示意图

图 3-8 所示为特制试样法示意图，由于要破坏试样，故不适于生产过程，该方法主要用于科学实验中。

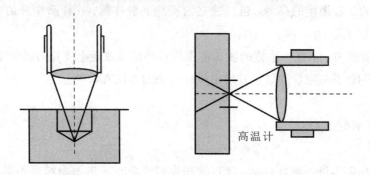

图 3 - 8　特制试样法示意图

3.3.3　辅助源法(或称测量反射率法)

图 3 - 9 所示为辅助源法。该方法通过在线向目标投射一辐射照射测量反射或散射信息，通过反射信息或散射信息得到物体的发射率和温度。

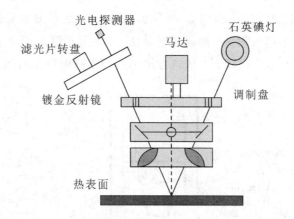

图 3 - 9　辅助源法(测量反射率法)

图 3 - 9 所示方法仅适用于抛光金属表面。首先调制(频率为 f)石英碘灯发出的光线，然后使其以 100° 入射角入射到目标上，通过调制盘外圈光阑将镜反射光线和目标辐射光线一起变成 $2f$ 调制光，这两种调制光经滤光片到达硅光电二极管探测器。为了获得目标辐射和镜反射信息，光电二极管信号通过相敏检测电路分离。图 3 - 9 中碘灯的能量分布曲线可以事先测得，通过碘灯的能量分布曲线、目标辐射和镜反射信息计算得到物体的反射率和物体的温度。

3.3.4 偏振光法

偏振光法仅适用于抛光金属表面。当抛光金属表面发生纯镜反射时，两个偏振分量强度比和物体反射率关系为

$$\frac{I^p}{I^n} = 1 + \rho_s^n \qquad (3-9)$$

式中，ρ_s^n 是物面垂直分量的镜反射率，I^p、I^n 分别表示光线的水平和垂直偏振分量。

Murray 等偏振光辐射温度计示意图如图 3-10 所示，通过水平、垂直分量强度比获得被测物体反射率，进而得到物体的发射率和温度。

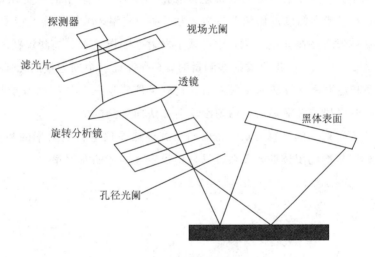

图 3-10 Murray 等偏振光辐射温度计示意图

3.3.5 反射信息法

反射信息法是通过特殊的光学结构获得多次反射信息，从而得到发射率和真实温度信息。

3.3.6 多光谱辐射测温法

多光谱辐射测温法对被测目标无特殊要求，不需要辅助设备和附加信息，特别适合于

同时测量高温目标的真温及材料发射率。因为在一个仪器中有多个光谱通道，为了得到物体的温度和材料光谱发射率，只需对测量的多个光谱的物体辐射亮度数据进行处理即可。多光谱辐射测温法是今后辐射测温发展的方向，它从原理上消除了发射率的影响。

3.4 发射率的计算

用红外热像仪进行温度测量时，如果发射率的设定值偏离真实值很多，那么目标温度的测量误差随发射率设定误差的增大呈现负的增长；当发射率的设定值小于真实值时，随着发射率误差的增大，目标温度的测量误差呈现正的增长。发射率的设定在辐射测温中占有重要的地位，它对测温精度的影响非常大。为了精确测温，尽量精确设定发射率的数值，充分考虑各种影响发射率测量的因素，通过减小发射率的误差来提高测温精度。

在应用公式 $\varepsilon+\rho+\tau=1$ 进行发射率测量时，必须保证三个物理量的几何条件一致。例如，通过反射率和透射率计算法向发射率时，光谱条件要求三个量必须属于相同光谱范围内的观测值，反射率和透射率必须是均匀漫反射和法向观测的值。

下面分析表面辐射率的计算方法。如果利用红外热像仪进行发射率的测量，在没有确定的发射率和标准校准的黑体时，那么可以自行设定某物体的发射率。由式(2-9)可得

$$\varepsilon = \frac{\dfrac{T_r^n - \varepsilon_a T_a^n}{\tau_a} - (1-\alpha)T_u^n}{T_o^n}$$

$$= \frac{\left(\dfrac{T_r}{T_o}\right)^n - \varepsilon_a \left(\dfrac{T_a}{T_o}\right)^n}{\tau_a} - (1-\alpha)\left(\dfrac{T_u}{T_o}\right)^n \qquad (3-10)$$

使用热像仪的波段不同，n 的取值也不同。当近距测量时，$\tau_a=1$，且 $\varepsilon_a=0$，当被测表面满足灰体近似条件时，$\varepsilon=\alpha$，则式(3-10)变为

$$\varepsilon = \frac{\left(\dfrac{T_r}{T_o}\right)^n - \left(\dfrac{T_u}{T_o}\right)^n}{1 - \left(\dfrac{T_u}{T_o}\right)^n} \qquad (3-11)$$

这是人们经常使用的计算表面辐射率的公式。

当被测物体表面温度很高时，$\dfrac{T_u}{T_o}$ 很小，则式(3-11)简化为

$$\varepsilon = \left(\frac{T_r}{T_o}\right)^n \tag{3-12}$$

对于非金属材料，如果满足灰体特性，那么测量物体表面辐射率的方法有两种：一是用红外热像仪测出被测物体辐射温度，同时用热电偶等测温元件测出被测物体表面真实温度，将测量值代入式(3-11)或式(3-12)，可计算出辐射率；二是把已知辐射率的涂料涂在被测物体表面上，用红外热像仪测量其辐射温度，将测量值代入式(3-11)或式(3-12)，可以计算出被测物体表面的真实温度。接着用红外热像仪测量未处理表面的辐射温度，将其真实温度和辐射温度再代入式(3-11)或式(3-12)，也可计算出表面的辐射率。

上述两种方法在测量实际辐射率时操作简单，但由于受到背景温度、测量仪器的误差和物体表面真实温度等因素的影响，测量误差较大。为了减小测量误差，可采用以下几种高精度测量发射率的方法。

3.4.1 双参考体方法

采用一个高反射率的漫射板和一个黑体作为参考体，让漫射板温度等于背景温度，被测试件保持与黑体温度相同。分别用红外热像仪测量黑体、试件和漫射板的辐射能量，由公式 $f(T_r) = \tau_a[\varepsilon f(T_o) + (1-\varepsilon)f(T_u)] + (1-\tau_a)f(T_a)$ 和式(3-11)得出

$$\varepsilon_s = \frac{f_s(T) - f_R}{f_{BB}(T) - f_R} = \frac{T_r^n - T_u^n}{T_o^n - T_u^n} \tag{3-13}$$

其中试件表面待测的辐射率用 ε_s 表示，T_o、T_r、T_u 分别为热像仪测量的黑体、试件和背景的温度。f_{BB}、f_s、f_R 分别为热像仪测量的黑体、试件和漫射板的输出信号。

3.4.2 双温度方法

使用双温度方法需要一个已知辐射率的参考体。保持被测试件和参考体温度一致，同时用红外热像仪测量不同温度 T_1 和 T_2 时的辐射能量。首先在试件上涂一小块已知辐射率的涂料，在温度为 T_1 时，用红外热像仪测量涂料和试件的辐射能量，$f_R(T_1)$ 和 $f_s(T_1)$ 是红外热像仪的输出信号，T_{r1} 和 T_{s1} 是对应的辐射温度；在温度为 T_2 时，用红外热像仪测量涂料和试件的辐射能量，$f_R(T_2)$ 和 $f_s(T_2)$ 分别是红外热像仪输出的信号，T_{r2} 和 T_{s2} 是对应的辐射温度。可得

$$\varepsilon_s = \frac{f_s(T_2) - f_s(T_1)}{f_R(T_2) - f_R(T_1)} = \varepsilon_R \frac{T_{s2}^n - T_{s1}^n}{T_{r2}^n - T_{r1}^n} \tag{3-14}$$

其中 ε_R 是参考体(涂料)的辐射率。

3.4.3 双背景方法

双背景方法适用于在某些测量条件下被测物体的温度不容易改变时。保持试件和参考体两次测量中温度不发生变化,在两种不同背景温度下进行实验测量。当 $\tau_a = 1$ 时,可得

$$\varepsilon_s = 1 - (1 - \varepsilon_R) \frac{f_s(L_{BG2}) - f_s(L_{BG1})}{f_R(L_{BG2}) - f_R(L_{BG1})}$$

$$= 1 - (1 - \varepsilon_R) \frac{T_{s2}^n - T_{s1}^n}{T_{r2}^n - T_{r1}^n} \qquad (3-15)$$

其中参考体表面辐射率 ε_R 已知,T_{s1}、T_{r1}、T_{s2}、T_{r2} 分别为两种背景条件下红外热像仪测量的试件、参考体表面的辐射温度。

在测量过程中这三种方法均能有效消除影响辐射率的测量误差,包括由测量目标真实温度和背景温度的误差导致的误差,对于一种给定材料分别用三种方法测量出的辐射率误差均小于 ± 0.02。

3.5 用红外热像技术测量发射率

3.5.1 物体发射率的一般性定义

黑体辐射定律是红外热像技术的理论基础。由普朗克辐射定律可得半球空间上黑体辐射能的光谱分布:

$$W_b(\lambda, T) = \frac{2\pi hc^2}{\lambda^5 \left[\exp\left(\frac{hc}{\lambda kT}\right) - 1\right]} \times 10^{-6} \qquad (3-16)$$

式中,$W_b(\lambda, T)$ 为黑体的光谱辐射能(单位:$W/(m^2 \cdot \mu m)$),T 为黑体的绝对温度,k 为玻尔兹曼常数,h 为普朗克常数,c 为光速,λ 为波长。

实际的红外探测器仅能响应物体在一定波长范围(λ_1, λ_2)内的热辐射,如 InSb$(3\sim5~\mu m)$ 和 HgCdTe$(8\sim12~\mu m)$。如果假设其光谱响应为 $r(\lambda)$,则红外探测器的输出信号 I_b 为

$$I_b(T) = \int_{\lambda_1}^{\lambda_2} r(\lambda) \cdot W_b(\lambda, T) \cdot d\lambda \qquad (3-17)$$

在实际中难以直接应用式(3-17)做定量计算,式(3-17)表明黑体的绝对温度 T 与红外探测器输出信号 I_b 之间的关系,一般可以通过红外热像仪的标定曲线 $I_b(T)$ 来表示二者之间的定量关系如下:

$$I_b(T) = \frac{A}{e^{\frac{B}{T}} - F} \qquad (3-18)$$

式中,A、B、F 是标定常数,A 是探测器的响应因子,B 是光谱因子,F 是探测器的形状因子,$I_b(T)$ 是红外探测器接收到的绝对温度 T 的黑体辐射能量。式(3-18)是基于理想黑体($\varepsilon_b = 1$,是一个常数)导出的结果。然而对于一个实际物体,发射率 $\varepsilon_o(\lambda, T)$ 通常是温度 T 和波长 λ 的函数,由光谱发射率定义 $\varepsilon_o(\lambda, T) = \frac{W_o(\lambda, T)}{W_b(\lambda, T)}$,实际物体的红外辐射能量在探测器上引起的响应 I_o 为

$$\begin{aligned}I_o(T) &= \int_{\lambda_1}^{\lambda_2} r(\lambda) \cdot W_o(\lambda, T) \cdot d\lambda \\ &= \int_{\lambda_1}^{\lambda_2} r(\lambda) \cdot \varepsilon_o(\lambda, T) \cdot W_b(\lambda, T) \cdot d\lambda \end{aligned} \qquad (3-19)$$

如果令

$$\int_{\lambda_1}^{\lambda_2} r(\lambda) \cdot \varepsilon_o(\lambda, T) \cdot W_b(\lambda, T) \cdot d\lambda = \varepsilon(T) \cdot \int_{\lambda_1}^{\lambda_2} r(\lambda) \cdot W_o(\lambda, T) \cdot d\lambda$$

则

$$\varepsilon(T) = \frac{\int_{\lambda_1}^{\lambda_2} r(\lambda) \cdot \varepsilon_o(\lambda, T) \cdot W_b(\lambda, T) \cdot d\lambda}{\int_{\lambda_1}^{\lambda_2} r(\lambda) \cdot W_b(\lambda, T) \cdot d\lambda} = \frac{I_o(T)}{I_b(T)} \qquad (3-20)$$

式(3-20)是与经典定义相区别的物体发射率的一般定义,为了区分用 $\varepsilon(T)$ 表示,即定义物体发射率为物体和同温度黑体辐射能量在红外探测器上产生的输出信号之比,式(3-20)表明了 $\varepsilon(T)$、$I_o(T)$、$I_b(T)$ 之间的对应关系,$\varepsilon(T)$ 具有与经典定义不同的物理含义,它对物体的红外辐射能力是从红外探测器响应的角度进行评价的。

$\varepsilon(T)$ 揭示了红外探测器的输出信号与探测器光谱响应和物体辐射能量之间的内在联系。式(3-20)中包含了红外探测器的光谱响应函数。在实际测量过程中,当物体的光谱发射率 $\varepsilon_o(\lambda, T)$ 不是常数时,不能直接应用物体发射率的经典定义,必须进行适当的简化(假定被测体为灰体)。既然是假设就避免不了引入理论误差。发射率的一般性定义比较符合实

际情况，从本质上反映了测量数据对探测器的依赖关系，能够更准确、更客观地解释测量结果。

根据式(3-20)和发射率的经典定义 $\varepsilon_o(\lambda)$ 可以证明：$\varepsilon(\lambda)=\varepsilon_o(\lambda)$，即只有当物体为灰体(灰体的光谱发射率是一个小于 1 的常数)时才能获得经典意义下的物体发射率 $\varepsilon_o(\lambda)$，现实世界中几乎不存在严格意义上的灰体。满足灰体条件的 $\varepsilon_o(\lambda)$ 值与使用的仪器设备无关。

在实际测量中，如果测量精度要求不高，人们常常将被测物体看作灰体，但对于精确测温，这个假设本身就不正确。对于黑体，显然 $\varepsilon_b=1$。从理论上讲，式(3-20)可以适用于一切物体(黑体、灰体或选择性辐射体)，具有普适性。测定同一物体的发射率时，光谱响应函数不同的红外探测器的测量数据也可能不同。但是用它们各自测定的发射率去计算该物体的温度时却可以得到相同的结果。这和红外热像仪出厂前进行的标定一样，虽然标定常数不同，但都不影响最终的测量结果。利用红外数据手册上给出的物体发射率不能得到精确的测温结果，只能对物体的温度做大致的估算。如果需要精确测温，则必须使用红外热像仪测定的物体发射率；选定探测器后，$\varepsilon(T)$ 就变成温度 T 的函数，而与波长 λ 无关。在某一温度下测定的物体发射率只能在一定的温度范围内使用，在某类探测器下测定的物体发射率也只适用于这类探测器，如果超出了使用范围，则会引起比较大的测量误差，甚至是错误的结果。

3.5.2　红外热像技术精确测量的条件

图 3-11 中 T_{obj}、T_{sur}、T_{atm} 分别为物体、环境和大气的绝对温度；i_{obj}、i_{atm}、i_{sur}、i_{img} 分别为物体、大气、环境和扫描器内部的热辐射；I_{obj}、I_{sur} 分别为温度等于 T_{obj} 和 T_{sur} 的黑体辐射；τ_o 为大气的透射率；I_{atm} 为大气的热辐射。

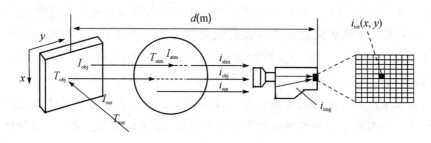

图 3-11　红外热像仪的一般测量环境

图 3-11 中红外探测器所接收的热辐射能量 i_{tot} 不仅包括来自物体本身的红外辐射 i_{obj}，还包括物体对环境的反射辐射 i_{sur}、大气的透射辐射 i_{atm} 和扫描器内部的热辐射 i_{img} 等，所以红外探测器接收到的热辐射不能简单地用式(3-19)表示，而应表示为

$$
\begin{aligned}
i_{tot} &= i_{obj} + i_{sur} + i_{atm} + i_{img} \\
&= \tau_o \cdot \varepsilon_o \cdot I_b(T_{obj}) + \tau_o \cdot (1-\varepsilon_o) \cdot \varepsilon_a \cdot I_b(T_{sur}) + \\
&\quad (1-\tau_o) \cdot I_{atm} + i_{img}
\end{aligned}
\tag{3-21}
$$

式中，ε_o 是物体的发射率、ε_a 是环境的发射率。当进行低温物体的温度测量时，为了达到准确测温的目的，必须从 i_{tot} 中扣除大气、环境和扫描器等的热辐射，由于在仪器内部补偿了扫描器的热辐射 i_{img}，所以式(3-21)中可以略去 i_{img} 项。在均匀环境辐射条件下，物体可以等效为 $\varepsilon_a=1$、温度为 T_{sur} 的黑体辐射，记为 $I_{obj}=I_b(T_{obj})$、$I_{sur}=I_b(T_{sur})$，并将 ε_o 作为待求参数，则由式(3-21)可得

$$
\varepsilon_o = \frac{i_{tot} - \tau_o \cdot I_{sur} - (1-\tau_o) \cdot I_{atm}}{\tau_o \cdot (I_{obj} - I_{sur})}
\tag{3-22}
$$

大气的温度、气压、相对湿度和大气的组分等都是影响大气透射辐射 i_{atm} 的因素，所以很难准确计算 i_{atm} 的值。当红外热像仪的工作距离 $d \leqslant 1.0\,\mathrm{m}$ 时，τ_o 十分接近 1，忽略 i_{atm} 几乎不引入理论误差，于是物体的发射率为

$$
\varepsilon_o = \frac{i_{tot} - I_{sur}}{I_{obj} - I_{sur}}
\tag{3-23}
$$

式中，I_{obj} 和 I_{sur} 的计算公式如下(即分别将 T_{obj} 和 T_{sur} 代入式(3-18))：

$$
I_{obj} = \frac{A}{e^{\frac{B}{T_{obj}}} - F}, \quad I_{sur} = \frac{A}{e^{\frac{B}{T_{sur}}} - F}
\tag{3-24}
$$

在实际应用中，物体的发射率可以认为是其位置的函数 $\varepsilon_o(x, y)$，这时只需用红外热像仪获取物体表面的一幅热像，就可以非常方便地算出物体表面不同位置的发射率值，公式如下：

$$
\varepsilon_o(x, y) = \frac{i_{tot}(x, y) - I_{sur}}{I_{obj} - I_{sur}}
\tag{3-25}
$$

3.5.3 ε_o、T_{obj}、T_{sur} 和测量精度 e 之间的关系

测量误差主要有随机误差和系统误差。红外热像仪的系统误差可用其标定曲线

$I_b(T)$ 的准确度来衡量。由于红外热像仪的标定曲线是在严格的测量环境下精确标定的，准确性高，一般不会成为测量误差的主要来源，因此，实际应用中可以忽略系统误差，把随机误差作为测量精度的决定因素。假设环境温度为 T_{sur}，红外热像仪测量数据 i_{tot} 的误差为 $\pm C$（C 是大于零的常数），物体真实的发射率为 ε_o，其测量值为 ε_o'，红外热像仪的标定曲线为 $I_b(T)=f(T;A,B,F)$，如果要求发射率 ε_o 的测量误差小于 e，则

$$\frac{|\varepsilon_o-\varepsilon_o'|}{\varepsilon_o}=\frac{\left|\dfrac{i_{tot}-I_{sur}}{I_{obj}-I_{sur}}-\dfrac{i_{tot}'-I_{sur}}{I_{obj}-I_{sur}}\right|}{\dfrac{i_{tot}-I_{sur}}{I_{obj}-I_{sur}}}=\frac{|i_{tot}-i_{tot}'|}{i_{tot}-I_{sur}}=\frac{|\pm C|}{i_{tot}-I_{sur}}\leqslant e$$

由式（3-23）可求得

$$I_{obj}\geqslant\frac{C}{\varepsilon_o\cdot e}+I_{sur} \qquad\qquad (3-26)$$

将式（3-26）代入式（3-18），得

$$T_{obj}=\frac{B}{\ln\left(\dfrac{A}{I_{obj}}+F\right)}\geqslant\frac{B}{\ln\left(\dfrac{A}{C/(\varepsilon_o e)+I_{sur}}+F\right)} \qquad (3-27)$$

式（3-27）中 $I_{sur}=\dfrac{A}{e^{\frac{B}{T_{sur}}}-F}$。

根据式（3-27）把 ε_o、T_{obj} 和测量精度 e 之间的关系绘成如图 3-12 所示的曲线。图中从上到下曲线的测量精度分别为 0.01、0.02、0.05。

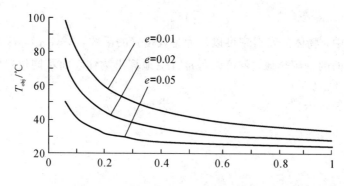

图 3-12　ε_o、T_{obj}、ε_o 和 e 的关系曲线

从图 3-12 中可以看出：当 $\varepsilon_o\leqslant0.20$ 时，为了满足测量要求，物体的设定温度 T_{obj} 会急剧增加，说明发射率越小，准确测量就越困难。如果被测物体确定，通过增加物体的设定

温度 T_{obj}，可以减小随机误差，从而提高发射率的测量精度。在实际测量过程中，确定测量精度为 $e=0.02\sim0.05$ 是一个比较合理的指标，如果期望更好的测量精度，就必须考虑系统误差的影响。

3.5.4　ε_o 的测量步骤

根据以上分析，用红外热像仪精确测定物体发射率 ε_o 的步骤如下：

(1) 确定红外热像仪的标定曲线 $I_b(T)=f(T;A,B,F)$、测量环境 T_{sur} 以及红外热像仪的误差常数 C；

(2) 确定测量精度 e；

(3) 估计物体的发射率值 $\varepsilon_o'(\leqslant\varepsilon_o)$；

(4) 根据 ε_o' 的值由图 3-12 或式(3-27)计算物体的设定温度 T_{obj}'；

(5) 考虑到环境温度的波动 ΔT_{sur}，取物体的设定温度 $T_{obj}=T_{obj}'+\Delta T_{sur}(\Delta T_{sur}\geqslant0)$；

(6) 将物体放入黑体炉(或专用测定箱)，同时将测定箱的温度设定为 T_{obj}；

(7) 当测定箱的温度稳定后，用热电偶或精密温度计读取此时测定箱内的温度 T_{obj} 和环境温度 T_{sur}；

(8) 迅速打开测定箱的箱盖，利用红外热像仪捕获物体的热像 $i_{tot}(x,y)$；

(9) 通过式(3-25)计算出物体的发射率 ε_o；

如果无法事先对物体发射率数值作出估计，那么可以先令 $\varepsilon_o'=0.5$，然后比较 ε_o 与 ε_o'，如果 $\varepsilon_o<\varepsilon_o'$，则不能满足测量要求，于是令 $\varepsilon_o'\leqslant\varepsilon_o$，再次执行测量步骤(4)～(9)，便可以获得精确的 ε_o 值。

3.6　物体表面温度的精确测量

利用红外热像技术测量高温物体表面温度场是一项全新的技术，红外热像测温技术是一种非接触、高灵敏度、直观、准确、快速、安全、应用范围广泛的测定物体表面温度场分布的检测技术。该技术已在电站、配电设备和变电站等的电气设备和机器设备的状态监测、高压电线巡检、半导体元件和集成电路的质量筛选和故障诊断、石化设备的故障诊断、火灾的探测、材料内部缺陷的无损检测和传热研究等方面得到广泛的应用，并取得了可观的经济效益。随着计算机技术的飞速发展，特别是 20 世纪 80 年代以后，热图实时数字处理技术的出现，使红外热像仪的操作和使用更加方便，红外热像仪的测温精度不断提高，测温的动态范围更大，设备更加小巧，红外热像仪在我国各行各业的普及率也迅速提高。红外热像仪可以通过数字图像处理技术实时地获得高温物体表面的温度，在建材、冶金、热电、焊接等行业的应用十分广泛，不但能保证产品质量、节约能源，而且在优化燃烧、保护环境等方面也具有重要意义。在成熟的辐射测温原理基础上，国内外一些学者结合数字图像处理技术，在工业炉温度场检测方面取得了非常好的效果。

本节针对神经网络计算温度法在计算温度时存在较大误差的问题，提出用改进输入的神经网络法和最小二乘法计算温度。

3.6.1　高温测温原理

为了方便讨论，在此作如下假设：

(1) 高温辐射体表面微小面元分割。

红外热像仪焦平面阵列像素和物体上面元的对应关系如图 3-13 所示。在图 3-13 中，高温物体表面划分区域为 $ABCD$，为使 $ABCD$ 在红外热像仪上清晰成像，调节位于 O 点的红外热像仪焦距，使物面上每一个物点在像面上都有一个共轭点与之对应。红外热像仪对光学图像进行采样时，却破坏了这种一一对应关系，因为焦平面上每一个光敏单元都是分隔开的。为了与红外热像仪分辨率($M×N$)相对应，我们将高温物体表面 $ABCD$ 分割成 $M×N$ 个单元。设小面元 $abcd$ 是 $ABCD$ 平面上第(i,j)个面元，与红外热像仪焦平面上的第(i,j)个像素点对应。

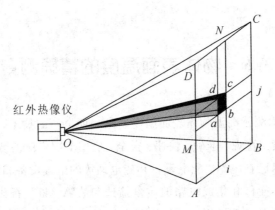

图 3-13　红外热像仪焦平面阵列像素和物体上面元的对应关系

（2）被测高温物体具有实的物面。

如果被测物体具有实的物面，则可以在红外热像仪上得到其清晰的像。忽略红外热像仪成像时空气的影响，可以认为红外热像仪焦平面上的像能准确反映辐射体表面的温度。

（3）同一个面元内温度相同。

在加热时，炉膛内温度一般是不均匀的，即存在一定的温度梯度。工业炉膛体积庞大，其中填入物料的总质量也比较大。虽然如此，但在一个足够小的区域内温度变化不大。如果红外热像仪分辨率很高，选择的镜头也合适，那么我们就可以认为在每个微小面元内温度都相同，对于高温辐射体，相同面元的温度相同。

（4）红外热像仪焦平面上的每一像素点的能量，来源于对应面元的光辐射。

为了能在红外热像仪焦平面上清晰成像，必须使物面上的点与像面上的点一一对应。即物面上的每一个微小面元都对应像面上唯一的像素单元。这种一一对应关系恰恰说明了红外热像仪焦平面的每一像素点，都只接收其对应面元的光辐射能量。

（5）炉内物料是余弦辐射体。

由于高温物料的亮度，从各个方向看都是一样的，因此表面粗糙的自身发射体接近于余弦辐射体。

3.6.2 温度算法

为了建立起热像灰度值和温度 T 的对应关系，从红外热像仪拍摄的黑体炉内热辐射图像中提取热像灰度值，通过黑体建立辐射能量和温度之间的关系，对处于不同温度的黑体进行测量，并将测量值与黑体精确的温度值拟合，得到校准曲线。在不同的精度及测量条件下得到不同的校准曲线，校准数据储存在存储器里。当进行温度测量时，通过查找相应的修正曲线表，即可得到温度值。由于暗电流、拖影、光晕等的影响会使红外热像仪图像模糊，导致莫尔干涉条纹出现，且图像信号经过几个转换环节，产生一些高频分量，因此，为了减少测量误差，必须对这些图像进行预处理。

在标定时，为了使黑体炉达到不同的温度值，可调节黑体炉温控装置。取数字图像处理后的中心点的伪彩色值，由此可以建立起温度 T 和伪彩色灰度值之间的一种对应关系。在实际计算温度时，利用式（2-21）往往不对 A、B、F 系数进行具体的标定，而是采用其他一些算法得到测温结果，下面对三种算法进行讨论。

1. 神经网络法

用神经网络可以处理用常规方法难以确定的复杂函数，在这里我们把温度看成是三基色灰度值的函数。设计 BP 神经网络，使输入层有三个神经元，输出层有一个神经元。输出层的神经元代表温度值，输入层的三个神经元分别代表 R、G、B 三通道的灰度值。通过系统标定得到温度和三基色灰度值的关系，把 (R, G, B, T) 作为教师信号，对网络进行训练。为了检验 BP 神经网络的拟合精度，通过改变黑体炉的温度，设定不同的训练温度值。用红外热像仪拍摄温度图像，采用相同的方法对图像进行预处理，得到新的一组 (R, G, B, T) 实验数据，以此作为 BP 神经网络的输入，黑体炉温度的神经网络拟合结果如表 3-1 所示。

表 3-1　黑体炉温度的神经网络拟合结果

温 度 数 据					最大误差/%
设定值 T/K	1162	1182	1222	1262	0.3
计算值 T/K	1158.5	1181.3	1223.2	1258.0	

为了测量热电偶端点处的温度值，在普通煤炉内安装了一个热电偶。每隔 1 min 拍摄一幅燃烧图像，共拍摄三幅，取各图像中热电偶测温端点的灰度值作为 BP 神经网络的输入，普通煤炉温度的神经网络拟合结果见表 3-2。

表 3-2　普通煤炉温度的神经网络拟合结果

温 度 数 据				最大误差/%
热电偶测量结果 T/K	1238	1238	1238	3.3
神经网络拟合结果 T/K	1213.5	1217.3	1197.5	

BP 神经网络的函数拟合方式很多，但 BP 网络不一定恰好拟合出 式(2-21)。从表 3-2 可以看出该 BP 神经网络在计算普通煤炉温度时存在较大误差。由于被测对象普通煤炉是非黑体并存在一定的火焰脉动，且光路上存在烟雾，在这样的工况下计算结果一定会产生较大的误差，而且大于对黑体炉的测温误差。这种计算方法没有体现出比色测温法的优点，实质上是用三通道的灰度值直接计算的温度。

2. 最小二乘法

将式(2-21)改写为

$$\lg\left(\frac{\dfrac{A}{I_\circ}+1}{F}\right)=\frac{B}{t+273.15} \qquad (3-28)$$

式(3-28)说明 $\lg\left[\left(\dfrac{A}{I_\circ}+1\right)\Big/F\right]$ 与 $\dfrac{1}{T}$（其中 $T=t+273.15$）是线性对应关系。仍用前面系统标定的 $(R，G，B，T)$ 对应关系，拟合出 $\lg\left[\left(\dfrac{A}{I_\circ}+1\right)\Big/F\right]$ 和 $\dfrac{1}{T}$ 的一条直线，通过这种线性关系能够计算出温度。为了作对比，使用最小二乘法对同样的实验数据进行处理，得到普通煤炉和黑体炉的温度计算结果如表 3-3 所示。

表 3-3　最小二乘法的拟合结果

普通煤炉的温度计算结果				最大误差/%
测量结果 T/K	1238	1238	1238	2.1
计算值 T/K	1212.4	1249.6	1223.5	
黑体炉的温度计算结果				最大误差/%
设定值 T/K	1162	1182	1222	1262	1.3
计算值 T/K	1163.8	1177.6	1238.1	1260.8	

通过比较神经网络法和最小二乘法的计算结果可知，最小二乘法的计算精度比较稳定，无论是对普通煤炉还是对黑体炉都如此。神经网络在黑体炉上的计算精度要高一些，最小二乘法对普通煤炉温度的计算精度较高，工程实用价值更大一些。

3. 改变输入的神经网络法

普通煤炉等设备工作时由于存在烟雾、火焰脉动以及非黑体等现象，直接影响了红外热像仪的输出。为消除这些影响，神经网络法改变了 BP 网络的输入内容，体现出比色测温的思想，输入项改为：R/G、R/B、G/B。用改进输入后的 BP 神经网络计算同样的实验数据，计算结果如表 3-4 所示。

通过以上三种算法的结果分析发现，最小二乘法简单方便，而且计算量较小；改进输入后的 BP 网络对普通煤炉的温度计算精度最高。

表 3-4 改变输入后的 BP 神经网络拟合结果

普通煤炉的温度计算结果			最大误差/%
测量结果 T/K	1238	1238	1238	1.4
改变输入后的神经网络拟合结果 T/K	1220.4	1247.8	1228.2	
黑体炉的温度计算结果				最大误差/%
设定值 T/K	1162	1182	1222	1262	0.6
计算值 T/K	1162.5	1182.8	1223.8	1254.3	

3.7 大气透过率的二次标定

红外热像仪是响应红外目标辐射温度的仪器设备,除广泛应用于侦察、目标搜索、火控、航空等军事用途外,还广泛应用于电力、环境、工业、医疗等民用领域中,其中,民用领域最重要的一个应用就是测量未知目标的辐射温度。利用红外测温热像仪在较远处对辐射目标进行温度测量时,其测量结果与辐射目标的辐射温度估计值会出现较大的偏差,并随温度升高,偏差有逐渐增大的趋势。经实验分析认为,红外测温热像仪在出厂标定时,多数是在实验室环境下进行标定的,在实验室环境下标定过的红外测温热像仪不适宜外场使用,且测温软件中应用的大气透过率修正软件也多为标准大气条件,而外场环境复杂多变,测温系统自带软件不能很好地模拟外场复杂大气条件。要实现对外场辐射目标的准确测温,必须对测温系统和待测辐射源目标在相同环境、相同距离条件下进行标定,即对大气透过率参数进行二次修正。

本节对红外测温热像仪的外场远距离测温进行了研究,提出采用标准面源黑体和红外测温热像仪对大气透过率进行二次标定的方法。首先,相对于标准面源黑体的设置温度标定二次大气透过率修正系数;然后,在已知目标的选定区域发射率的情况下,用二次修正系数对未知辐射源测量值进行修正,便能准确测量出未知辐射源目标的辐射温度。

3.7.1 红外测温热像仪标定原理

红外测温热像仪通常在实验室或生产车间中的理想距离下用黑体(或灰体)进行标定,

其标定理论模型如下：

$$M = \tau_a \int_{\lambda_1}^{\lambda_2} \varepsilon \lambda T^4 \, d\lambda \qquad (3-29)$$

$$\tau_a = e^{-\sigma_0 R} \qquad (3-30)$$

式中，σ_0 是以 km^{-1} 为单位的整个光谱的衰减系数，R 是以 km 为单位的距离。

$$\sigma_0 = \sigma_a + \sigma_r + \sigma_s + \sigma_d \qquad (3-31)$$

式中，下标 a 代表吸收（分子吸收占主要地位，包含了气体介质与气溶胶分布导致的吸收与散射）；r 代表反射；s 代表散射；d 代表衍射。

在实验室用标准黑体标定时，$\tau_a \approx 1$。其标定过程如下：

首先将标定过的黑体设置在某一特定温度下，并使目标源辐射孔径和待标定系统接收孔径处在同一水平面上；然后等到黑体温度稳定后，对待标定测温热像系统进行聚焦，并在待标定测温系统中设定目标发射率、背景温度、大气温度、大气湿度和测量距离等参数；最后，在待标定测温系统的视窗界面上选定测量区域。此时，在视窗界面上显示的温度即为待标定测温系统测定目标的真实辐射温度。将视窗界面上显示的温度与黑体设定的温度进行比较，即完成红外测温热像仪的标定。

3.7.2 红外热像仪外场精确测温原理

在已知红外目标辐射源发射率的前提下，对不能实现接触式测量且属高危的辐射目标进行温度测量时，红外测温热像仪和系统操作员必须处在安全距离范围内。国内外红外测温热像仪制造商都对软件进行了加密处理，只需要在视窗界面输入环境参量，在软件内部用集聚法或 LOWTRAN 法计算大气透过率，并对测温系统进行聚焦即可完成自动测量，直接看红外辐射源的红外成像系统测温原理如图 3-14 所示。

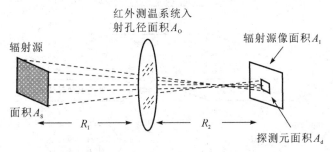

图 3-14　直接看红外辐射源的红外成像系统测温原理

图 3-14 中假定待测辐射源辐射面积为 A_S，离光学系统的距离为 R_1，红外测温系统入射孔径面积为 $A_。$，光学系统到像面的距离为 R_2，辐射源像面积为 A_I，探测元面积为 A_d，则测温系统输出的电压响应 U_{SYS} 可表示为

$$U_{SYS} = G \int_{\lambda_1}^{\lambda_2} R(\lambda) \frac{\pi}{4} \frac{L_e A_d}{(f/\sharp)^2 (1+M)^2} \tau_{SYS}(\lambda) \tau_{ATM}(\lambda) \, d\lambda \qquad (3-32)$$

式中，G 为系统增益，$R(\lambda)$ 为红外测温系统响应度，L_e 为待测目标的光谱响应度，$f/\sharp$ 为光学系统 F 数，τ_{SYS} 为测温系统透过率，τ_{ATM} 为大气透过率，$M = R_1/R_2$ 是放大系数，且 R_1 和 R_2 是和系统焦距 f_{SYS} 相关的，即

$$\frac{1}{R_1} + \frac{1}{R_2} = \frac{1}{f_{SYS}} \qquad (3-33)$$

式(3-32)和式(3-33)说明，测温系统的输出和目标辐射特性、测温系统本身特性及辐射源到测温系统之间的介质大气特性相关，若目标辐射特性和测温系统特性确定(测量和标定过程都保持同一特性)，那么，得到的测温结果就仅仅和测温系统到辐射源之间的介质大气特性相关。显而易见，除大气温度、湿度、背景温度和距离影响大气透过率外，大气质量、风速、气压和大气化学组成等参量也在很大程度上影响大气透过率。因此，为了准确测量远距离目标辐射温度，必须对真实大气透过率进行准确的二次标定。在这种情况下，依靠数学模型完成对大气透过率的模拟就不是一件特别容易的事，但可以设计一种简单的实验来完成大气透过率的二次标定，最终完成红外目标源辐射温度的测量。其外场温度标定原理框图如图 3-15 所示。首先选择一个标定过的面源黑体(或灰体)，将黑体放置在和待测目标相同的位置处，并对其温度进行设定(设定温度可由待测目标的辐射特性作出估算)；然后，通过红外测温热像仪本身的参数设置表测量出被测黑体的示值温度，调节红外测温热像仪参数设置表的透过率修正值，直至黑体的示值温度与黑体的设置温度相同，此时修正栏中的大气透过率修正值即为大气透过率的二次标定值。

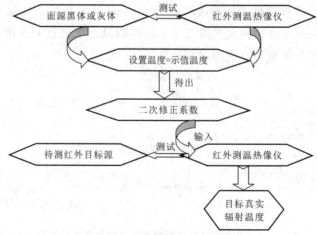

图 3-15　外场温度标定原理框图

当在相同的距离下进行二次大气透过率标定并测量未知辐射源的辐射温度时，仅仅只需将辅助仪表的测量值（如温度、距离和大气湿度等）再次输入红外测温热像仪的参数设置表中，并输入待测量区域的发射率系数和大气透过率的二次标定值。这时，红外测温热像仪的输出显示视窗上显示的温度就是待测量区域的真实温度。

3.7.3　大气透过率二次标定系数实验分析

为了验证外场精确测温方法的正确性，我们选取了一台经过标定的辐射口径为 10 cm×10 cm，温度范围为 50～600℃，长期稳定性为 0.1℃，均匀性≥0.98，发射率为 0.93 的黑体（或灰体）作为红外目标辐射源，用美国 FLIR 公司生产的 SC3000 红外测温热像仪作为标定对象进行大气透过率二次标定系数实验，该型号热像仪安装了 2.5°的远距离视场镜头，测温范围为－80～1500℃（可根据不同的测温范围选取不同的测温档），温度灵敏度≤30 mK。测试条件如表 3-5 所示。

大气透过率二次修正实验中，分别将黑体温度设置在 50℃、100℃、150℃和 200℃四个不同的温度下，对黑体进行了 50 m、60 m、70 m、80 m 和 90 m 共五个不同距离的移动，测试和二次修正结果如表 3-6 所示。

表 3-5　测 试 条 件

大气温度/℃	背景温度/℃	大气湿度/%	风
36	36	55%	微风

表 3-6　大气透过率二次修正测试结果

测试距离/m	设置温度/℃	实测温度/℃	计算大气透过率	修正大气透过率	总修正大气透过率
50	50	49.3	0.92	0.92	0.85
	100	89.5	0.92	0.72	0.66
	150	129.8	0.92	0.69	0.63
	200	166.7	0.92	0.70	0.64
60	50	50.2	0.91	0.91	0.83
	100	85.6	0.91	0.71	0.65
	150	132.2	0.91	0.71	0.65
	200	167.0	0.91	0.68	0.62

测试距离/m	设置温度/℃	实测温度/℃	计算大气透过率	修正大气透过率	总修正大气透过率
70	50	50.4	0.90	0.90	0.81
	100	88.7	0.90	0.71	0.64
	150	129.1	0.90	0.68	0.61
	200	166.7	0.90	0.67	0.60
80	50	50.7	0.89	0.89	0.79
	100	90.0	0.89	0.71	0.63
	150	129.3	0.89	0.67	0.60
	200	167.5	0.89	0.66	0.59
90	50	50.3	0.89	0.89	0.79
	100	90.0	0.89	0.71	0.63
	150	130.7	0.89	0.68	0.61
	200	170.5	0.89	0.69	0.62

根据表 3-6 中的测试结果分别绘制如图 3-16 至图 3-18 所示的红外热像仪示值温度与黑体设置温度之间的关系曲线、大气透过率二次修正系数与测试距离关系曲线、红外热像仪透过率修正系数与黑体设置温度之间的关系曲线。

从图 3-16 中可看出理想(LOWTRAN 模型可精确评估大气透过率)情况下,红外热像仪示值温度与黑体设置温度的斜率值应为 1,而实际斜率值远小于 1,在 50~90 m 距离下,其斜率值基本为一定值,约为 0.7,这就说明要想使用非接触式测温法准确测量未知目标源的辐射温度,除需精确知道待测目标发射率外,还必须在相同距离下对大气透过率进行二次修正。

从图 3-17 中可看出,黑体温度设置为 50℃,测试距离在 50~90 m 之间,用 LOWTRAN 模型计算得来的透过率不经过修正就可使用,即测量值与黑体设定值基本吻合;但随着黑体设置温度的进一步升高,大气透过率必须进行二次修正;随着测试距离的增大,其二次修正值的变化并不明显,仍符合用 LOWTRAN 模型模拟的变化规律,这说明对于该类红外测温热像仪,在被测目标温度高于 50℃时,要想精确测量被测目标温度,必须对测量值进行修正。

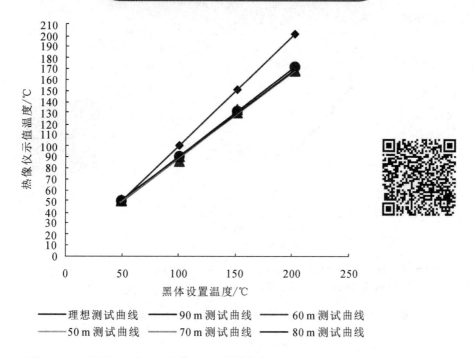

图 3-16　不进行二次透过率修正，红外热像仪示值温度与黑体设置温度关系曲线

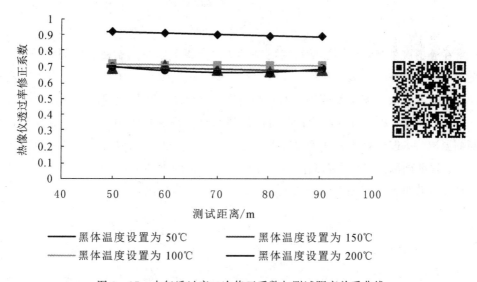

图 3-17　大气透过率二次修正系数与测试距离关系曲线

从图 3-18 中可看出，随着黑体设置温度从 50℃ 不断升高（二次大气透过率近似为 1），大气二次透过率修正系数在 50～100℃ 范围内迅速下降，在 100～200℃ 范围内下降趋势逐

渐减缓，逐渐接近于一个大约为 0.7 的常数。

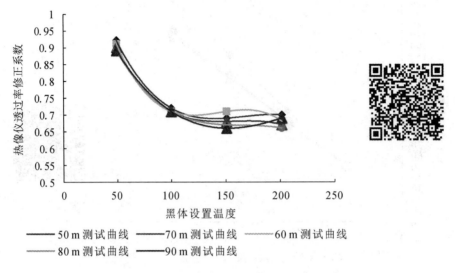

图 3-18　红外热像仪透过率修正系数与黑体设置温度间的关系曲线

本 章 小 结

　　本章在分析红外热像测温影响因素的基础上，介绍了提高测温精度的测温系统；通过各种发射率测量方法的比较，讲解了利用红外热像仪精确测定物体发射率的方法及利用红外热像仪进行物体表面温度精确测量的算法研究；还介绍了采用改进输入的 BP 神经网络算法和最小二乘法，根据红外热像仪的输出图像来计算高温物体温度；通过红外热像仪外场精确测温模型，进行大气透过率的二次标定和利用二次修正系数对未知辐射源测量值进行修正，实现准确测量目标辐射温度等。精确温度测量因素的分析结果对提高红外热像仪的测温精度及降低测温误差都具有重要的意义。

第 4 章

基于红外热像技术的碳纤维材料导热性能研究

4.1 引　言

集碳材料的固有本性和纺织纤维的柔软可加工性于一身的碳纤维是一种新型无机纤维材料，具有高强度、高模量、抗蠕变、耐高温、耐腐蚀、耐疲劳、导电、传热、热膨胀系数小等诸多优点，是发展航天、航空、导弹、火箭等尖端技术不可多得的结构材料和耐腐蚀材料，也是民用工业更新换代的新型材料。碳纤维作为结构材料能够承载负荷，作为功能材料能够发挥作用。为了得到预定导热性能的航空航天保温热材料，人们通过不同温度的热处理改变材料内部结构，从而改变材料导热性能。基于碳纤维材料的特殊性，利用传统方法测量其导热性能参数存在很多困难。

红外热像技术是 20 世纪 60 年代发展起来的一种针对二维表面温度场进行实时测量的测温技术，利用红外测温标定技术和计算机图像处理技术实现对物体表面温度场分布的显示、分析和精确测量，将物体的温度场分布以伪彩色图像显示出来。红外热成像技术在电力、电子、石化、医学以及科研等许多领域都得到了广泛应用。玄哲浩等用红外热成像技术评价碳纤维织物的导热性能，贾志海等利用红外热成像技术测算碳纤维材料的热扩散系数，K. R. McDonald 等利用红外热像技术研究了分界面和裂缝的导热性能，M. Varenne 等利用红外热像技术以及体积平均法研究了一维各向异性介质的热物理性能。本章利用红外热像技术对碳纤维的性能展开广泛的研究和精确测量。

导热系数是反映物质导热性能的物理量。一般可通过理论计算和实验测定两种途径确定物质的导热系数。其中，理论计算法是先确定物质的导热机理，分析导热的物理模型，然后通过数学分析和计算来得到物质的导热系数。但由于导热系数因物质成分、质地、结构的不同而有所差异，用理论的方法来确定是十分困难的。到目前为止，除了少数物质如一些气体、液体、纯金属以外，很难从理论上计算出各种物质的导热系数，因此实验测量成为确定物质导热系数的重要途径。目前，用于测定碳纤维导热系数的实验方法很多，如平板法、热线法和圆管法等。

(1) 平板法。

平板法是将试样材料夹在两个温度不同的恒温热板和冷板之间，用薄的平板热流传感器测定流过试样材料的热流量。通过计算热阻和试样材料的导热系数来评判热传递性能的好坏。里斯（Ress）对这一方法进行了改进，他将一块标准热阻和试样材料并列夹于具有恒定温度梯度的两板之间，测量各层的温度分布，可以较快而准确地测定试样材料的热阻值。

(2) 热线法。

已建立的数种绝热材料在高温下导热系数的测量方法，其中唯一的一种国际标准方法是热线法（ISO 8894）。热线法是在试样材料中插入一根热线，在热线上施加一个恒定的加热功率，使其温度上升，从而测量热线本身或平行于热线的一定距离上的温度随时间上升的关系。由于被测试样材料的导热性能决定这一关系，因此可得到试样材料的导热系数。测量热线温升的方法一般有三种：一是交叉线法，即用焊接在热线上的热电偶直接测量热线的温升；二是平行线法，即测量与热线隔着一定距离的一定位置上的温升；三是热阻法，即利用热线（多为铂丝）电阻与温度之间的关系得出热线本身的温升。

(3) 圆管法。

圆管法是根据长圆筒壁一维稳态导热原理直接测定单层或多层圆管绝热结构导热系数的一种方法。它要求被测材料可以卷曲成管状，并能包裹于加热圆管外侧。由于该方法的原理是基于一维稳态导热模型，故在测试过程中应尽可能在试样材料中维持一维稳态温度场，以确保能获得准确的导热系数。为了减少由于端部热损失产生的非一维效应，根据圆管法的要求，常用的圆管式导热仪大多采用辅助加热器，即在测试段两端设置辅助加热器，使辅助加热器与主加热器的温度保持一致，以保证在允许的范围内轴向温度梯度相对于径向温度梯度的大小，从而使测量段具有良好的一维温度场特性。

(4) 热带法。

热带法的测量原理类似于热线法。取两块尺寸相同的方形试样材料，在两者间夹入一条很薄的金属片（即热带），在热带上施加恒定的加热功率作为恒定热源，热带的温度变化可以通过测量热带电阻的变化获得，也可以直接用热电偶测得。热带法测量物质导热系数的数学模型与热线法类似，故在获得温度响应曲线后可以得出试样材料的导热系数。

(5) 交流量热法。

交流量热法是近年来发展得较为成功的一种测量方法。它的原理是在长条状试样材料的一端施加一定频率的周期热流，该热流会在试样材料表面形成同频率的沿长度方向传播的温度波，在传播过程中，温度波的幅值和相位将发生变化，通过测定传播方向上两个确定距离点处的温度波幅值或相位的变化就能够确定试样材料的热扩散率。

（6）恒温法。

恒温法是将试样材料放在恒温热板的一侧，发热体其他各面均有绝热保护，测定保持热板恒温所需的热量，由此计算试样材料的传热系数、热阻值来说明试样材料的隔热性能。此外还有许多学者提出用半圆柱形和圆筒形的测试表面来测试试样材料的隔热性能，但这种情况下的绝热保护很难做得完善，测试结果只能用于相对比较。

（7）科尔劳奇法。

科尔劳奇法是让恒定直流电通过试样材料使其加热，同时在试样材料两端保持恒温，保持外部加热器的温度与试样材料的中点温度一致，从而使辐射热损失降低到最小值。采取这些措施后，在稳态时可获得轴向温度分布曲线。同时将热电偶用作电压探测器。这样就可得到试样材料不同点的热电偶数值，根据公式推导就可以求出试样材料的热性能参数。

热传递过程通常可分为稳态过程和非稳态过程。物体中各点温度不随时间变化的热传递过程称为稳态过程；反之，则称为非稳态过程。以往的测试方法中我们看到的均为接触式测温，而本章采用非接触式的红外热像技术来进行测温。

4.2 红外热像技术

4.2.1 红外热像技术的成像理论

斯特藩-玻尔兹曼定律是红外热像系统测温的依据，物体表面的红外辐射能表达式为

$$W = \varepsilon \sigma T^4 \quad (\text{W/m}^2) \tag{4-1}$$

式中：σ 为斯特藩-玻尔兹曼常量，其值为 $5.67 \times 10^{-8} \text{W/(m}^2 \cdot \text{K}^4)$；$\varepsilon$ 为物体表面的发射率；T 为物体的绝对温度（单位：K）。对于目标物体上任一点的温度 T，都有一个能量信号 W 与之对应。为了得到目标物体的伪彩色图像，可通过探测器和视频处理器将物体发出的能量信号转换成数字信号。通过分析物体的热图像确定物体的温度场分布，再通过对温度的处理进一步分析物体的导热、传热特性。

图 4-1 是红外热像系统的结构框图。光学系统把目标的红外辐射能量聚集起来，通过探测器把辐射能量转换成电信号，再将其送到处理器中，完成电信号向数字信号的转变过程。

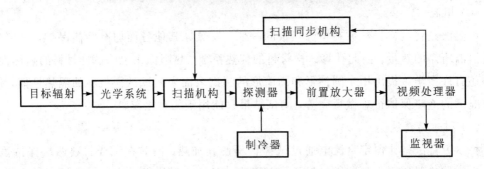

图 4-1 红外热像系统结构框图

红外热像技术实现的是能量—图像—温度间的转换，该转换过程分成两步：第一步，物体发出的红外辐射能量转换为可视的伪彩色图像；第二步，利用图像颜色分布来表示物体的温度场分布。考虑到目标自身辐射的特点和大气透红外的性质，通常采用波长范围分别为 8～14 μm(对应于低温源)和 3～5 μm(对应于高温源)的两个波段。

4.2.2 试样材料导热性能参数测量的理论基础

针对一个三维固体，如果其具有各向异性，则瞬时导热微分方程可以表示为

$$\rho c \frac{\mathrm{d}T}{\mathrm{d}t} = \frac{\partial}{\partial x}\left(\lambda_x \frac{\partial T}{\partial x}\right) + \frac{\partial}{\partial y}\left(\lambda_y \frac{\partial T}{\partial y}\right) + \frac{\partial}{\partial z}\left(\lambda_z \frac{\partial T}{\partial z}\right) + \dot{Q} \qquad (4-2)$$

式中：$\dot{Q}$ 为物体的内热源，T 为温度，t 为时间；ρ、c、λ 分别为物体的密度、比热以及导热系数。如果介质无内热源且各向同性，则公式(4-2)简化为

$$\frac{\partial T}{\partial t} = a \, \nabla^2 T \qquad (4-3)$$

其中 a 是物体的热扩散系数，a 可以由下式得到

$$a = \frac{\lambda}{\rho c} \qquad (4-4)$$

如果瞬时导热过程是一维的非稳态过程，则式(4-3)可以进一步简化为

$$\frac{\mathrm{d}T}{\mathrm{d}t} = a \frac{\mathrm{d}^2 T}{\mathrm{d}x^2} \qquad (4-5)$$

在测得随时间 t 变化的温度分布热像图后，采集不同时间的温度数据，根据导热逆问题原理，确定温度和时间的函数关系，通过式(4-3)或式(4-5)计算出物体的热扩散系数 a，然后利用式(4-4)计算出物体的导热系数 λ。

4.3 实验装置及数据处理

为了测量碳纤维试样材料的导热系数 λ 及热扩散系数 a 等参数,我们采用红外热像仪拍摄碳纤维试样材料的表面温度场分布图,得出试样材料表面温度分布 T 随时间 t 变化的函数关系,然后根据导热逆问题原理,利用前面的公式就可以计算出物体的热扩散系数 a 等参数。本节搭建了碳纤维材料导热性能测试实验平台,利用这套实验装置对 5 种碳纤维试样材料进行温度场分析和测量。

4.3.1 试样材料

碳纤维材料是一种黑色、柔软、松散的多孔带状导体,试样材料如图 4-2 所示,长×宽×厚的尺寸为 50 mm×50 mm×1.5 mm。没有经过高温处理并从室温开始加热到 82℃、158℃、277℃ 和 280℃ 的试样材料分别为 B_1、B_2、B_3、B_4。把试样材料在高温炉中进行处理,处理的温度为 1000℃、1200℃、1400℃、1600℃ 和 1800℃,得到导热性能不同的 5 种碳纤维试样材料 A_0、A_1、A_2、A_3 和 A_4。

图 4-2 试样材料

4.3.2　实验设备及装置

实验用红外热像仪为美国 FLIR 公司生产的 SC3000 测温红外热像仪，主要性能参数如表 4-1 所示。系统采用高可靠性的内循环制冷器和具有尖端制冷型量子阱的红外光子探测器，测温范围是 $-40 \sim 500\,℃$，具有优异的图像分辨率、极高的热灵敏度、超宽的动态范围，采样频率为 $50/60\,Hz$，探测波长为 $8 \sim 9\,\mu m$。采集到的热图序列通过计算机由红外图像处理软件进行实时处理或后期处理。

表 4-1　FLIR SC3000 的主要性能参数

主要参数	数　值
视场角	$20° \times 15°$
瞬时视场	$1.1\,mrad$
温度分辨率	$0.03\,℃（30\,℃时）$
焦距	$0.5\,m$
响应波段	$8 \sim 9\,\mu m$
测温范围	$-40 \sim 500\,℃$ 可通过滤片扩展到 $2000\,℃$
像素	320×240
频率	$50/60\,Hz$

由于试样材料是较薄的一维导热物体，具有各向同性且热物性参数不随时间变化，因此我们采用闪发式非稳态法进行实验测试。

实验中为了减少空气隙对传热的影响，将试样材料紧贴在加热平板上，采用主动式双面法对碳纤维试样材料进行表面温度场扫描，将红外热像仪固定在试样材料的正前方 $0.8\,m$ 处，设定连续扫描的间隔为 $2\,s$ 采集一幅热图像，扫描的热图像记录在图像记录器中。实验环境温度为 $22\,℃$，湿度为 $55\%RH$。实验装置如图 4-3 所示。

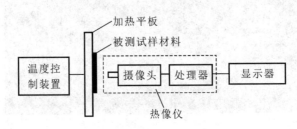

图 4-3　实验装置示意图

由图 4-3 可以看到，实验装置包括试样材料加热装置、数据采集系统和计算机处理系统三个环节。试样材料加热装置包括温度控制装置、加热平板和被测试样材料。温度控制装置精确稳定地控制加热平板的温度。温度控制装置的型号为 XM7E-3001。加热平板为一圆形铜板，一面挖有同心圆结构的凹槽，在凹槽内盘上电阻丝，同时在电阻丝上套上陶瓷管，起到绝缘的作用，最后再在表面上附上一层绝缘棉，如图 4-4 所示。

图 4-4　加热平板

4.3.3　实验数据及结果分析

对于碳纤维材料导热性能测试实验，我们给出两种方案。

方案一：我们把没有经过热处理的碳纤维试样材料从室温开始加热到 82℃、158℃、277℃和 280℃，在加热平板开始通电加热的瞬间把试样材料用导热硅脂迅速贴到加热平板上，红外热像仪开始工作，每隔 1 s 采集一幅热像图，采集的红外热像图如图 4-5 和图 4-6 所示，经过图像处理软件处理得到温度随时间变化的曲线图。

方案二：把经过热处理的 5 种碳纤维试样材料 A_0、A_1、A_2、A_3 和 A_4 迅速贴到加热平板上，加热平板表面温度控制在 80.0℃，采集 5 种试样材料的热像图。

方案一中碳纤维试样材料发射率经红外热像仪精确测定为 0.64。

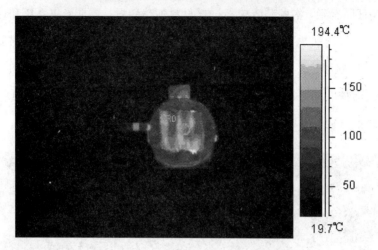

图 4-5　108.2℃时试样材料的红外热像图

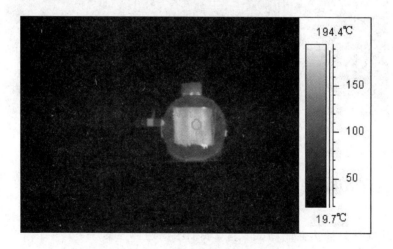

图 4-6　157.6℃时试样材料的红外热像图

1. 实验数据

在方案一中，实验得到的试样材料表面温度随时间变化的实验数据如表 4-2 所示。图 4-7、图 4-8、图 4-9、图 4-10 是没有经过热处理的碳纤维试样材料从室温开始加热到 82℃、158℃、277℃和 280℃的温度时间变化曲线图。

表 4 - 2 试样材料表面温度随时间变化值

时间/s	试 样 材 料			
	B_1	B_2	B_3	B_4
1	36.8	36.8	36.8	38.6
3	71.1	88.1	90.9	108.3
4	75.5	99.2	113.4	142.7
5	77.5	108.2	151.8	178.3
6	79.3	114.4	180.4	195.4
7	80.1	120.7	198.5	212.2
8	80.2	125.9	219.9	225.1
9	80.8	129.9	235.4	235.7
10	81.4	134.0	243.5	245.5
11	81.7	136.9	249.7	253.7
12	82.0	139.4	254.8	259.2
13	82.1	140.9	258.2	262.4
14	81.8	143.4	261.6	264.9
15	81.8	144.6	264.2	267.0
16	82.0	145.9	266.5	268.5
17	82.1	147.2	268.3	269.9
18	82.2	148.1	269.8	270.9
19	82.1	148.9	271.2	271.6
20	82.1	149.5	272.4	271.7
21	82.1	150.2	272.5	273.4
22	82.2	150.8	272.7	274.1
23	82.1	151.4	273.0	274.5
24	82.1	151.9	273.5	275.0
25	82.1	152.1	273.6	275.6
26	82.2	152.5	273.2	276.0
27	82.1	152.6	273.8	276.2
28	82.1	152.9	273.8	276.5
29	82.1	153.0	273.9	276.6
30	82.2	153.3	273.9	276.7
40	82.1	154.9	275.0	278.0

时间/s	试样材料			
	B_1	B_2	B_3	B_4
50	82.1	155.6	275.9	279.2
60	82.1	156.5	276.9	279.5
70	82.2	157.7	277.5	280.2
80	82.1	158.5	277.2	280.0
90	82.1	158.5	276.9	279.8
100	82.1	158.5	275.0	279.2

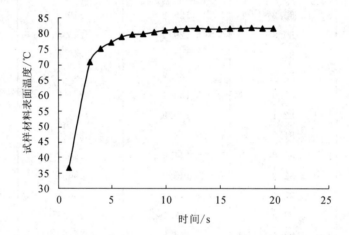

图 4-7 试样材料温度从室温上升到 82℃的时间变化曲线

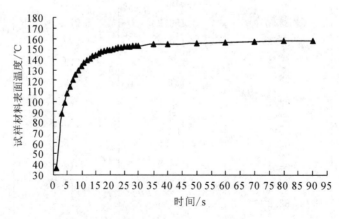

图 4-8 试样材料温度从室温上升到 158℃的时间变化曲线

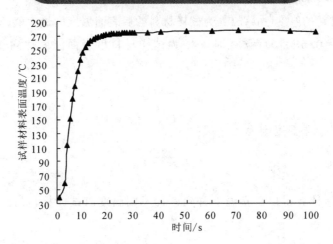

图 4-9　试样材料温度从室温上升到 277℃ 的时间变化曲线

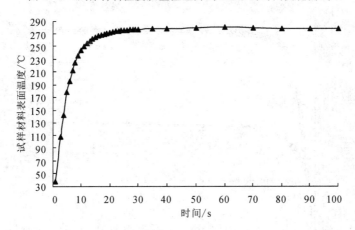

图 4-10　试样材料温度从室温上升到 280℃ 的时间变化曲线

从图 4-7 至图 4-10 可以看出,在试样材料刚接触加热平板时,试样材料表面的温度迅速升高,之后试样材料表面温度逐渐平缓并逐渐稳定在加热平板设定的最终稳定温度上。为了看起来更直观,我们把上述 4 组数据经过拟合处理放在同一坐标系内,如图 4-11 所示。

如果能够得到试样材料某一位置温度 T 和时间 t 的函数关系,就可由式(4-5)计算出热扩散系数 α。

根据导热的初始条件和边界条件,通过式(4-5)推导出试样材料后表面温度随时间变化的关系为

$$\frac{T(L,\tau)}{T_{m}} = 1 + 2\sum_{n=1}^{\infty}(-1)^{n}\exp\left(-\frac{n^{2}\pi^{2}\alpha t}{L^{2}}\right) \tag{4-6}$$

式中：L 为试样材料的厚度（m）；T_m 为试样材料的后表面温度的最大值（℃）。

当 $T(L,t)=0.5T_m$，$t=t_{1/2}$ 时（$t_{1/2}$ 为试样材料后表面温度达到 $0.5T_m$ 时的对应时间）：

$$\alpha = \frac{1.37L^2}{\pi^2 t_{1/2}} \qquad (4-7)$$

试样材料前表面的上限温度则为

$$T_f = \frac{38L}{\alpha^{\frac{1}{2}}} T_m \qquad (4-8)$$

由公式（4-7）计算得出从室温上升到 4 种不同温度时试样材料的热扩散系数，如表 4-3 所示。

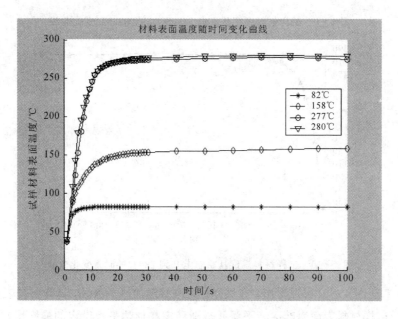

图 4-11　试样材料温度拟合曲线

表 4-3　试样材料的热扩散系数

试样材料	扩散系数/（m²/s）
B_1	0.74×10^{-7}
B_2	0.34×10^{-7}
B_3	0.19×10^{-7}
B_4	0.23×10^{-7}

由于碳纤维材料是一种含有纤维、空气和水分等多组分的复杂的多孔材料,伴随着材料的吸湿和放湿,材料的热传导也会受到影响,因此,在不同的温度下,碳纤维材料的导热性能是不同的。

从测试和计算结果可以看出,设置温度越高,试样材料表面温度上升就越快,试样材料的热扩散系数也就越低。但从表 4-3 所示的统计数据中发现,试样材料的热扩散系数在 280℃时反而比 277℃时要稍微高一点,这是因为温度在 280℃和 277℃的设置基本接近,而环境等因素的影响会导致测试结果微小的起伏。B_3 试样材料和 B_4 试样材料在加热之初,材料表面温度的上升速度基本一致,温度均在前 20 s 迅速上升,到 60 s 左右基本接近设定温度。B_1 试样材料在 12 s 时接近 82℃,B_2 试样材料在 70 s 时达到 158℃,B_3 试样材料在 60 s 时达到 277℃,B_4 试样材料在 60 s 时达到 280℃。

2. 结果分析

图 4-11 所示的数据显示,在前 5 s 内,试样材料表面的温度迅速升高,5 s 后试样材料表面温度逐渐平缓并逐渐稳定在加热平板设定的最终稳定温度上。对于每一条实验数据曲线,随着吸热的温度上升,在每个瞬间前采样的差分中得到了各个瞬间的吸热速度,如图 4-12 所示。

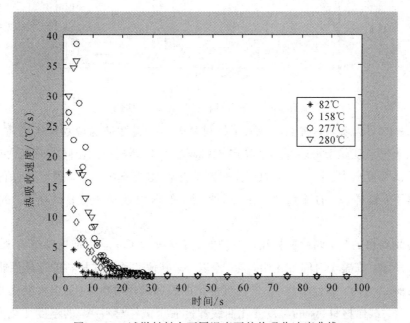

图 4-12　试样材料在不同温度下的热吸收速度曲线

从图 4-12 中可以看出，吸热速度在试样材料被加热开始后，有一瞬间滞后，然后达到峰值，之后又平缓地减少。这个峰值表示的是该试样材料的最大吸热速度。出现峰值的原因是试样材料贴到加热平板上的瞬间，因为热量还没有被传递，有一瞬间滞后，之后吸热速度达到最大值。随着吸热的进行和试样材料与加热平板温度差的减小，吸热速度也随着变小。因此，吸热速度整体变化规律为试样材料被加热开始后，先是有一瞬间的滞后，然后达到峰值。

方案二对加热平板表面温度控制在 80.0℃ 时，采集到 5 种试样材料的热像图辐射温度。对采集的实验数据用最小二乘法经过四维曲线拟合处理，得到不同扫描时间下 5 种试样材料的温度分布曲线，结果如图 4-13 所示。

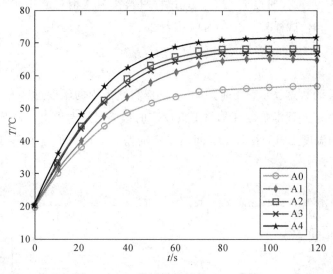

图 4-13　5 种试样材料的 T-t 曲线

由图 4-13 可以看出，前 40 s 内，试样材料表面的温度呈现指数规律迅速升高，40 s 后试样材料表面温度趋于平缓并逐渐稳定。A_0 增长比较缓慢，在相同的时间内试样 A_4 表面温度上升的幅度最大。由于表面温度是材料导热性能的外在表现，因此可以得出在相同的实验条件下，试样 A_0 的导热性能最差，但 A_0 的保温效果最好；试样 A_4 的导热性能最好。

需要特别指出的是，同种材料经过不同的高温热处理后，会引起内部结构本质的改变。如图 4-13 所示，在整个时间变化中，除 A_3 以外，其他 4 种试样材料的导热性能均呈递增的趋势。在前 20 s 内，试样材料 A_3 的温度变化曲线和试样材料 A_2 的温度变化曲线完全重合。20 s 以后，试样材料 A_3 的温度变化曲线却落后于试样材料 A_2 的温度变化曲线，出现了温度逆转。试样材料 A_2 的热处理温度（1400℃）虽然低于试样材料 A_3 的热处理温度

（1600℃），但试样材料 A_2 的导热性能却好于 A_3。60 s 以后，所有试样材料温度变化都趋于平缓且稳定。

分析实验结果可知，碳纤维在热处理中形成以 1500℃为界的分界线，1500℃之后是石墨化过程，1500℃之前是碳化过程。这两个过程是裂解反应与结构重排相互竞争的一个过程，贯穿了高分子的固体反应。试样材料 A_2 和 A_3 的热处理温度恰好跨越了这一分界线。实验分析表明，从 1200℃开始的热处理过程使得非碳元素如氮、氢几乎完全分解出来，引发了又一次热裂解反应。从宏观表现上看，试样材料的导热性能增长趋势减缓，结构有序化趋势受阻。试样材料 A_2 和 A_3 的导热性能发生反转。试样材料 A_4 在 1600～1800℃的热处理过程中，结构重排占据优势，此时乱层石墨结构增加，碳纤维结构向三维有序的石墨晶体方向发展，试样材料 A_4 的导热性能大幅度提高。

由图 4-13 所示拟合数据根据式（4-7）计算出试样材料 A_0、A_1、A_2、A_3、A_4 的热扩散系数，如表 4-4 所示。

表 4-4 试样材料的热扩散系数

试样材料	扩散系数/(m^2/s)
A_0	0.22×10^{-7}
A_1	0.23×10^{-7}
A_2	0.24×10^{-7}
A_3	0.27×10^{-7}
A_4	0.29×10^{-7}

从表 4-4 所示结果可以看出，试样材料 A_4 的热扩散系数最大，A_0 的热扩散系数最小。

4.3.4 测量误差的影响因素

作为非接触测量技术的红外热像技术能够以图像的形式表现出碳纤维材料二维表面温度场，由于是非接触测量，所以不可避免地会受到一些因素的影响，主要表现在以下几个方面：

（1）试样发射率的估算误差会影响最终的测量结果。

（2）测量中试样材料与加热平板的贴紧程度的影响。

（3）热源（加热平板）的影响。

本 章 小 结

  我们搭建了基于红外热像技术的碳纤维材料导热性能测试平台。根据碳纤维材料的特殊性,对 5 种碳纤维材料利用红外热像技术进行温度场的分析和测量,对不同温度下进行热处理的碳纤维材料用温度对时间的变化规律比较和分析其导热性能差异,通过温度的变化速度得到热扩散系数等参数。通过对热吸收速度的测试,得到按时间序列变化的吸热速度。结果表明,红外热像技术为碳纤维材料的导热性能测试提供了一种简便可行的方法,利用其可快速、准确地测算碳纤维材料的导热性能。

第 5 章

基于红外热像技术的服装舒适性研究

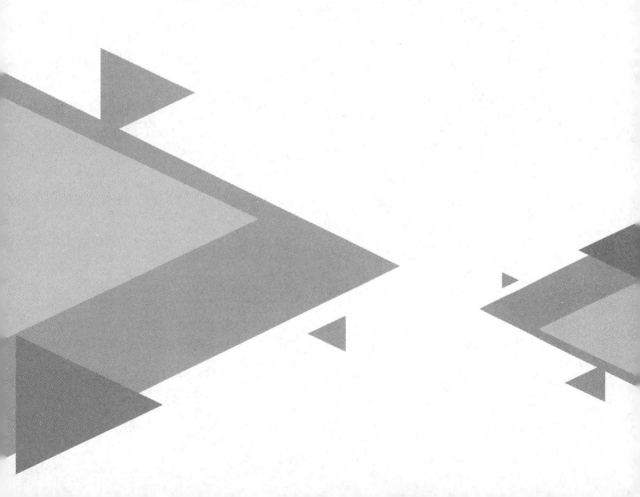

5.1 引　言

在人体—服装—环境系统中，服装与人体及环境的关系是复杂的。人体通过出汗、血管收缩及血管扩张来调节温度变化以保持体温。人是必须保持恒定体温的恒温动物，借助服装这一微气候环境，人们生存的环境温度条件范围可以扩大。天气炎热时，人们利用服装来隔热防暑；天气寒冷时，人们借助服装来防寒保暖。在各种气候和生理条件下，服装能够保证人体的热状态在人体生理调节范围之内，在人体和环境之间起热阻的作用。大多数服装面料都具有透气功能，人体往往通过出汗进行散热，所以服装面料的隔热性能就成为人体保持热舒适性的重要指标。

5.2 服装舒适性研究

服装的舒适性是指服装具有满足人体要求并排除任何不舒适因素的性能。人类很早就懂得穿衣蔽体，但真正开始对纺织品和服装的舒适性进行科学研究却仅有几十年的历史。在初步形成了服装舒适性的某些基本定义、指标和获取了大量实验数据并给出了相应的解释后，人们逐步开展了对服装热湿舒适性的研究。

对服装舒适性的研究一直受到许多学者的重视，20 世纪 40 年代初，国外学者就开始从气候学和生理学的角度进行服装的热湿舒适性研究。20 世纪 60 年代以后，合纤面料得以广泛应用，常规合纤面料在使用中产生的闷热感更加促使人们加速进行服装热湿舒适性的研究。20 世纪 70 年代以后，服装热湿舒适性的研究更加活跃，研究者主要用仪器模拟实验方法、人体穿着实验方法和生理方法对服装热湿舒适性进行研究，还有学者对服装系统热湿交换过程应用数学和物理的方法进行了大量的研究。服装舒适性的研究主要集中在热湿舒适性方面，其中包括服装材料导热、导湿性能的研究，服装热湿舒适性评价方法研究等。

根据傅里叶导热基本定律可以得出基本公式 $R = \Delta t / q$。服装材料的热阻通常用平板仪、圆筒仪来测定。这些测量方法有很大的缺陷，不能直接测量出服装面料的表面温度。如果使用环境温度代替服装面料表面温度，则由于环境温度里包含了服装面料外附面空气层的热阻引起的温度，所以必须要扣除外附面空气层的热阻，只有使用服装面料的热阻才能应用公式得出服装面料表面的温度。实际附面空气层常处于不稳定状态，影响附面空气层热阻的因素很多，很难精确测量。采用平板仪等测量的面料热阻是随附面空气层变化的一个相对值。而且用仪器测量的结果也无法代替人体对服装面料隔热性能的直接感觉。虽然不同的人对冷暖的感觉差异较大，但正常人都可以感觉到服装面料变化引起的冷暖变化。在夏天即便是厚薄差异不大的服装，普通人也能分辨出透热性能的差异，感觉出不同的舒适程度。

红外热像仪通过探测物体表面的红外辐射，把物体表面的温度以热图的形式精确地表示出来。因此，服装在穿着状态下其表面温度场的分布情况可以通过红外热像仪直接测量，根据测量结果即可推出服装面料的隔热性能，简单方便，为服装舒适性研究提供了一种新方法。

5.2.1 服装舒适性的影响因素

大量服装舒适性研究表明影响人体服装热湿舒适性的因素包括人的心理和生理因素、环境条件，还有服装本身。

人的心理和生理因素包括人的身体情况、人的存在状态(生理状态和当前的心理状态)、人的体力活动水平、个体经验、生活习惯等。为了评价服装的热湿舒适性，国内外学者在这方面进行了许多研究，李俊等测量了相同的冷刺激条件下的人体主要部位温度的动态变化。

环境条件包括自然环境和以人文为特色的社会环境，其中自然环境包括温度、湿度、气压、气流、辐射、光等。可以通过调查人体舒适气候环境参数从而实现改善人们生活环境的舒适度。纪秀玲等研究了环境条件对人体热湿舒适性的影响，调查了上海地区没有空调的建筑室内气候的热湿舒适性。Fato等提出一种适用调查区域的舒适气候的算法，调查了室内气候参数，以问卷形式进行了心理舒适评价。

对服装系统热湿传递性能的影响因素包括服装系统、织物结构和纤维特性。服装系统不同，舒适性差异可能很大。这方面的量化研究不多，主要局限于综述性的理论研究。

服装面料本身固有的性质直接影响着生理上的服装舒适性。服装面料的性质包括吸湿性、保暖性、透气性、伸缩性以及柔软、光滑度和化学性能等。

1. 吸湿性

吸湿性是指材料在空气中吸收或放出气态水的能力。服装面料能吸收人体皮肤表面排出的汗液和蒸气，之后通过纤维传到织物的另一面，最终释放到空气中。这种性能越好，吸湿性越好，人体皮肤越干爽、舒适，即使是在剧烈运动中或闷热的夏季，也不会有闷热感。服装面料中，天然纤维中有较多的亲水基团，所以天然纤维面料比化学纤维面料的吸湿性好。在化学纤维中，人造纤维的吸湿性要比合成纤维好。能够改善吸湿性的面料有涤盖棉（外层为涤，内层为棉）。后来超细纤维、改型纤维、高吸湿性纤维、异型纤维等面料的出现，提高了服装的舒适性，在某种程度上也改善了服装面料的吸湿性。

2. 保暖性

保暖性是指面料阻止其两面空气热交换的能力，即面料阻止空气通过的能力。冬装要有较强的保暖性，以防止人体被冻伤。服装面料的保暖性取决于它们所含静止空气的多少，也取决于纱线、纤维的结构，面料的厚度、疏密等，例如：腈纶纤维卷曲，富含静止空气；羊毛纤维外面有较多的鳞片层，在皮质层和鳞片层之间含有很多静止空气；棉纤维有中腔，其中也含有较多的静止空气；后来开发的多孔棉一般也是通过增加含气性来提高保暖性的。

3. 透气性

透气性是指气体透过织物的能力。从卫生学角度来说，服装面料的透气性，有利于人体皮肤的新陈代谢，有利于面料内外气体的交换。因为人体皮肤每时每刻都在进行呼吸，时刻都有皮屑脱落，汗脂排出，不断和外界进行气体的交换。

4. 伸缩性

织物受外力拉伸，去除外力后能恢复原态的能力称为伸缩性。为有利于人体的基本活动，服装材料必须具有一定的伸缩性。运动装、内衣等多采用氨纶弹力织物，氨纶在织物中大多是以包芯纱的形式出现，它能够提高服装的伸缩性。利用特殊方式可将其制成具有较好伸缩性的化纤高弹织物，从而使服装具有最佳的人体舒适性，使人们可以运动自如。

5. 柔软、光滑度

柔软、光滑度是指人体皮肤对服装面料的触觉舒适性。面料越柔软光滑，人体感觉就越舒适。织物的柔软度与织物的组织、纤维品种、纱线的捻度以及后整理等都有关系。内衣、睡衣以及其他紧贴肌肤的服装，柔软感非常重要。纱线的捻度越小，织物的组织越疏松，织物也就越柔软，例如棉、丝等天然织物。经过起毛（绒）整理或者柔软整理的织物也都比较柔软。

6. 化学性能因素

与天然纤维相比，化学纤维对人体舒适性的影响较大。用不同的纤维纺成纱线，织成织物后，经一定的后处理及加工后的服装才能到消费者手里。其间经过染色、印花、后整理等过程，需要使用一定的化学物质。这些化学物质中有些对人体健康有一定的影响。所以服装面料应尽量选择天然纤维面料，尽量选择较少经过化学整理和不含或较少含化学物质的面料。

5.2.2 服装舒适性的研究方法

目前，研究服装面料的热湿舒适性的方法主要有微气候参数评价法、生理学评价法、心理学评价法、暖体假人法和综合评价法。

1. 微气候参数评价法

对于人体的生理调节功能，原田隆司等人提出了服装小气候概念。基于此理论，有的学者通过模拟皮肤热损失来反映人体的舒适感；为了反映织物对人体舒适感的影响，有的学者测量了织物与模拟皮肤间气候区温度、湿度的变化，并提出了一系列评价指标。

2. 生理学评价法

服装生理学评价指标包括体核温度、平均皮肤温度、代谢热量、热平衡差、热损失、出汗量、心率和血压等。服装生理学评价法是评价服装舒适性的一种客观方法，通过在特定的环境和活动水平下测试人体穿着不同种类服装引起的生理参数变化来达到评价目的。

3. 心理学评价法

心理学评价法是对客观评价方法的补充及检验调查，是人体对织物的热湿舒适性的主观感觉。首先设计好问卷调查表格，表格内包括潮湿、闷热、黏身、不干爽、不透气等指标；

然后通过穿着实验，受试者根据自己的主观感觉对穿着服装的热湿舒适性感觉指标进行评分，评分标尺一般分为三点标尺、五点标尺和七点标尺；最后综合所有受试者的评分结果，再用适当的数学统计方法进行数据处理，从而对各种服装面料的综合热湿舒适性指标进行优劣性评价。

4. 暖体假人法

暖体假人没有生理、心理因素的影响，是进行服装隔热值实验研究的理想测试设备。实验不受条件限制，可按需要连续进行实验和多次重复进行实验，实验结果稳定、误差较小，因此可以进行精确合理的测量。但由于暖体假人没有感情，因此评价指标已降为生理物理指标，无法反映心理因素。暖体假人根据结构和特点不同，可分很多种类，但都无法完全模拟真人（如是否出汗等）。最终还必须进行人体实际穿着实验，对服装热湿舒适性进行评价。

5. 综合评价法

综合评价法是主观评价和客观评价的结合。要综合评价服装面料的热湿舒适性，必须找出影响服装面料的热湿舒适性的主要因素。对服装舒适性的评价方法是先对所测的基本指标进行主因子分析，同时采用方差最大的正交旋转法处理并获得具有明显独特物理意义的因子，最后根据与每个因子正、负相关的主要指标大小来判断服装面料的舒适性。

5.3 红外热像技术的服装舒适性研究基础

一切温度高于绝对零度的物体都在以电磁波的形式向外辐射能量。通过测量物体自身辐射的红外能量，就能测定它的表面温度。对于一般的非理想黑体，可由下式计算：

$$E_{\lambda T} = \varepsilon_{\lambda T} c_1 \lambda^{-5} (e^{\frac{c_2}{\lambda T}} - 1)^{-1} \qquad (5-1)$$

式中：T 为物体的热力学温度（单位：K）；λ 为波长（单位：μm）；$E_{\lambda T}$ 为物体在某温度下某红外波段的辐射能（单位：W/(m^2 · μm)）；c_1 为第一辐射常数 3.742×10^8（单位：W · μm^4/m^2），c_2 为第二辐射常数 1.439×10^4（单位：μm · K）；$\varepsilon_{\lambda T}$ 为物体表面发射率。通常纺织面料的发射率在 0.84 左右。

5.3.1　人—服装—环境系统的热湿传递

人们为了适应外界的环境,通过穿着适当的服装创造了人体表面与服装里层之间的舒适气候。图 5-1 所示是舒适气候温湿度分布。

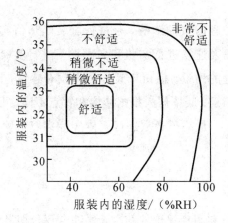

图 5-1　舒适气候温湿度分布

温度(32 ± 1)℃、湿度(50 ± 10)％RH、气流(25 ± 15)cm/s 是人体穿上服装并感到舒适的标准服装气候。在标准服装气候区域内时,人体感到舒适;如果衣内的温湿度超出这个范围,人体就会感到不舒适。不舒适的程度随温度和湿度偏离标准范围的程度增大也越来越强烈。当温度超出标准范围±0.5℃,湿度超出标准范围的幅度<5％时,人体感觉比较舒适。

5.3.2　服装隔热性能的测温评测原理

隔热性与导热性是同一事物传递性的互补描述方法。影响服装隔热性能的主要因素是服装材料的热传递性能,其测试方法较多,例如恒温法、冷却速率法、平板法等。

服装材料的热阻值和透气率直接影响服装穿着的舒适性,好的热绝缘体具有高的热阻值,能够起到较好的保温作用。如果面料的透气率高,则面料的透气性好,能够加速外界与服装内气候的气体交换。根据傅里叶的热量传导定律,人体、服装、环境的散热模型结构如图 5-2 所示。

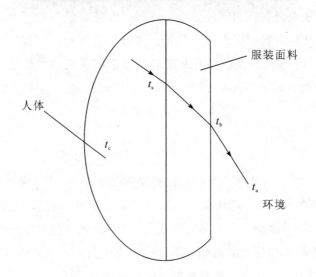

图 5-2 人体、服装、环境的散热模型

假设服装是均匀的紧贴皮肤的一层传热(隔热)介质,则下式成立:

$$q = \frac{t_c - t_a}{R_c + R_b + R_a} \qquad (5-2)$$

$$q = \frac{t_c - t_s}{R_c} = \frac{t_s - t_b}{R_b} = \frac{t_b - t_a}{R_a} \qquad (5-3)$$

式中:R_c、R_b、R_a 分别为人体热阻、服装热阻和环境空气层热阻(单位:℃·m²/W);t_c、t_s、t_a、t_b 分别为人体内部温度、人体表面的温度、环境温度和服装表面的温度(单位:℃)。可以认为环境温度 t_a 和热阻 R_a 及人体内部的温度 t_c 和热阻 R_c 恒定,如果测得服装表面的温度 t_b 升高,根据式(5-3),则 q 增加,t_s 降低,R_b 减小。服装表面的温度升高导致皮肤表面温度的下降,进而引起服装面料的热阻值减小,说明服装具有较好的散热性。

5.4 服装舒适性实验

5.4.1 服装面料的红外测温实验

实验采用美国 FLIR 公司生产的 SC3000 红外测温热像仪,通过 SC3000 制冷型红外热像仪拍摄紧贴皮肤表面服装面料的温度场图像，保证皮肤与面料之间没有空气层，把面料和皮肤表面空气层的影响因素降到最低。拍摄服装面料的温度图像后，截取最高温度值。因为对于同一服装面料，最高温度最能表现出服装面料的性能，能够体现面料与皮肤表面最服帖的地方；对于不同服装面料，只有截取最高温度，才能进行最有效的比较。

1. 实验条件

保持环境温度22℃、相对湿度为50％的恒温恒湿条件，将由6种面料做成的衣服袖子与手臂紧密接触，不留空气层。等手臂处衣服袖子表面温度稳定后，用红外热像仪在线测量，通过热图分析比较衣服袖子表面温度的变化，拍摄的红外图像如图5-3所示。因为袖子服贴性比较好，测试的温度比较准确，所以我们选择拍摄手臂上的温度分布；采用这种方法降低了实验的难度，用于服装面料性能测试时快捷、方便。

图5-3(a)所示是作为参考的赤裸手臂的红外图像。图5-3(b)所示是面料包覆手臂且表面温度稳定后的红外图像。通过图像处理软件分析出所选区域的最高温度值 t_b。

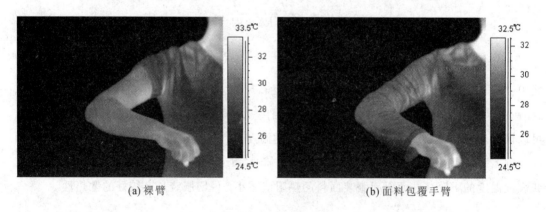

(a) 裸臂   (b) 面料包覆手臂

图5-3 红外图像

2. 实验数据

依据公式(5-3)可判断出服装面料的热阻即隔热值的相对大小，结果如表5-1所示。40％锦纶/60％天丝面料的表面温度最高，所以它的隔热性能最好。100％黏胶面料的表面温度最低，所以它的隔热性能最差。

表 5 - 1 测试服装面料及其隔热值大小排序

服装面料	成 分	t_b/℃	排序
A	40％锦纶/60％天丝	33.1	1
B	35％黏胶/65％天丝	31.6	2
C	100％涤纶	30.7	3
D	45％涤纶/55％天丝	30.6	4
E	100％棉	29.0	5
F	100％黏胶	28.7	6

3. 实验结果

由表 5 - 1 可知，6 种服装面料的隔热值排序为：A＜B＜C＜D＜E＜F。为了评价整件服装的隔热性能，使用红外热像仪可直接测量人体穿着不同服装面料的表面温度分布，穿着状态下服装的红外图像如图 5 - 4 所示。

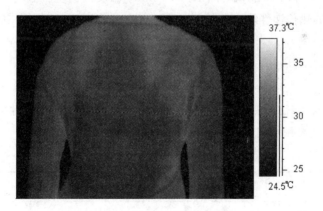

图 5 - 4 穿着状态下服装的红外图像

与常规测评方法相比，红外热像技术评价方法具有如下优点：

（1）红外热像拍摄灵活，对实验条件要求相对较低，可随时对任何部位进行精确的温度扫描。

（2）通过测量紧贴皮肤部位的服装面料的最高温度，比较不同服装面料热阻的大小，能够判断出所测试服装隔热值的相对大小。

（3）通过红外热像仪可以真实记录服装在穿着状态下表面温度场的分布，对采集的红外图像进行分析、处理可得到服装的最高、最低温度并计算其平均温度。

5.4.2　服装面料热传递性能实验

织物含有的空气量直接决定了面料的热传递性能。构成面料的纱与纱之间的气孔越多，含气量越大；织物组织的交织点越多，含气量越小。例如斜纹、缎纹组织的含气量要比平纹组织的含气量大，机织物的含气量要比针织物的含气量小。和静止的空气相比，任何纺织纤维的导热系数都要大许多，因此从服装面料的热传递性能看，纤维面料远没有织物结构重要。从服装在人体、服装、环境系统中的作用上看，伴随人体运动或环境条件的改变，能够保持服装内气候连续处于舒适范围、有效控制热湿传递的服装才是理想的服装。

本节结合服装面料的热传递性能，通过比较受试者穿着不同服装时的体表温度变化来研究大豆与棉混纺织物的热湿舒适性。采用棉、50/50 的大豆/棉、大豆纤维 3 种面料，比较和分析服装的穿着实验结果和主观热湿评价结果。实验分上、下午两组测试，共 6 名受试者，每组 3 人，上午和下午测试时间都为 70 min。温度的测量位置为后背和前胸两个区域。结合服装面料的热传递性能，通过比较受试者穿着不同服装时的体表温度变化来研究不同混纺织物的热舒适性。

1. 面料

服装面料采用大豆纤维与棉混纺的针织面料，为了更好地测试其性能，同时选取莫代尔纤维面料和纯棉面料作对照。面料的具体参数如表 5 - 2 所示。

表 5 - 2　面 料 规 格

试样	成分	厚度/mm	纵密/(圈/5cm)	横密/(圈/5cm)	平方米克重/(g/m^2)
1	50/50 豆/棉＋氨纶	0.68	135	80	240
2	70/30 豆/棉＋氨纶	0.69	130	90	230
3	大豆纤维＋氨纶	0.60	110	90	220
4	莫代尔	0.58	120	70	220
5	棉＋氨纶	0.72	135	80	280

试样 1～5 为成布，含有氨纶的试样中，氨纶的比例大约为 4％～5％，其中试样 3 为大豆纤维本色成布。

2. 实验条件

穿着实验在恒温恒湿的实验室内进行，相对湿度为 55％±5％，环境温度为 22℃±2℃，测试距离≤1 m，风速≤0.1 m/s。

能够引起体温变化的因素有年龄、体重和性别等，综合考虑，选择受试者为 6 名男性，年龄为 21～25 岁，身高为 173～177 cm，体重为 60～70 kg。受试者在实验前 17 h 内不食用辛辣或含酒精、咖啡因的食品，24 h 内无剧烈运动。所有的服装在实验前都被清洗干净并在恒温恒湿室平衡 12 h 以上。经过预实验得知，人体以 5.8 km/h 的速度运动 30 min 后，体表温度和湿度在 0.5 h 左右能够恢复到静坐阶段水平。实验前让受试者在恒温恒湿室静坐 30 min，我们将实验过程分为 3 个阶段：第一阶段(Pd1)为静坐休息阶段，测试实验开始 10 min 时受试者的体表温湿度；第二阶段(Pd2)为运动阶段，受试者在运动自行车上匀速运动 30 min；第三阶段(Pd3)为恢复阶段，受试者静坐 30 min 使体表温湿度恢复到初始状态。

选择两个实验测量点(即热像仪的测量点)，根据人体汗腺的分布特点，选定背胛和前胸两个出汗较多的测试位置。重点关注的时刻分别为运动 15 min(实验总时间的第 25 min)、停止运动后的 5 min(实验总时间的第 45 min)和休息 25 min 后(实验总时间的第 65 min)。

3. 实验结果

总实验过程历时 70 min，以 50/50 大豆/棉面料服装为例，每分钟可以记录一组数据，把记录的全程数据连成曲线变化图。在穿着实验中，上、下午两组受试者体表测量点温度的变化分别如图 5-5 和图 5-6 所示。

图 5-5 和图 5-6 中各种符号意义如下：SC 表示大豆与棉混纺，其中字母 C 表示棉纤维，S 表示大豆纤维；S1～S6 代表受试者编号；T 表示温度；测量点编号 1 是后背，2 是前胸。

图 5-5 所示的实验时间是上午，选择了 S1、S2 和 S3 共 3 名受试者穿着同样的大豆棉混纺服装 SC，分别测试了 T1、T2 两个测量点的温度分布。

图 5-6 所示的实验时间是下午，选择了 S4、S5 和 S6 共 3 名受试者穿着同样的大豆棉混纺服装 SC，分别测试了 T1、T2 两个测量点的温度分布。

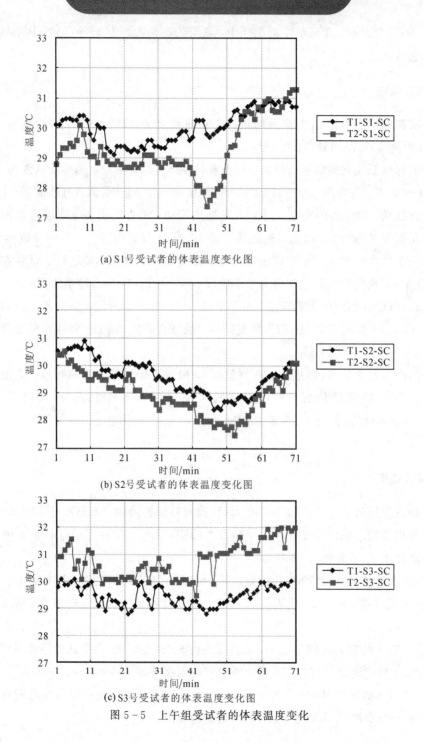

(a) S1号受试者的体表温度变化图

(b) S2号受试者的体表温度变化图

(c) S3号受试者的体表温度变化图

图 5-5　上午组受试者的体表温度变化

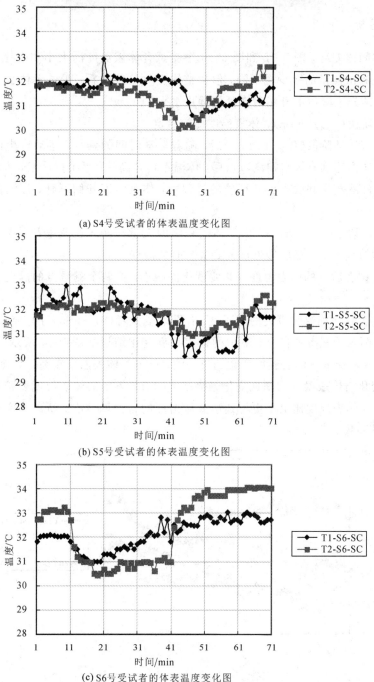

(a) S4号受试者的体表温度变化图

(b) S5号受试者的体表温度变化图

(c) S6号受试者的体表温度变化图

图 5-6 下午组受试者的体表温度变化

4. 结果分析

由于个体间的差异，图5-5和图5-6中受试者体表温度的大小和变化各不相同，受试者出汗早晚和出汗量的多少也不同，但从整体变化趋势来看，受试者体表温度的变化趋势是一致的，即先下降后上升然后恢复到静止水平。

(1) 静坐阶段(0～10 min)，体表温度比较稳定。

(2) 当进入运动阶段(10～40 min)后，随着运动时间的延续，运动产生的热量导致体温的升高，当体温达到身体自律调节点后，体温不再升高。为了维持体温，人体开始通过出汗来散热，在汗液蒸发并散失到外环境的过程中，体表温度开始下降，汗液的蒸发带走了大量的热量。

(3) 恢复阶段(40～70 min)，由于体表积聚的大量汗液还在蒸发和散失，所以在短时间内体表温度持续下降，然后慢慢恢复到静坐时的温度。

同一个受试者后背的体表温度变化幅度比前胸小，但两个测量点的温度变化趋势却是一致的。

为了评价大豆与棉混纺服装的舒适性，让两名受试者(S1和S5)进行穿着实验，采集4组实验数据。两名受试者各自上、下午的体表温度变化结果如图5-7所示。由图5-7可知，上、下午两名受试者体表温度变化趋势一致，但下午体表温度较高。实验测试的上、下午体表温度变化与体表温度的周期变化趋势基本吻合。下午的体表温度要稍高于上午的体表温度，下午的体表温度比上午更早到达人体出汗的自律调节点。所以本实验中下午人体出汗时间要早一些。

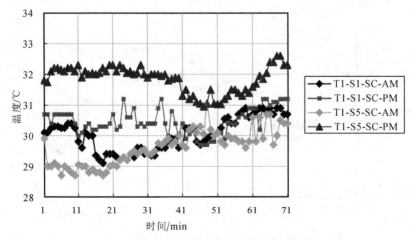

图5-7 S1和S5号受试者上、下午体表温度变化结果

图 5-8 所示为 S1 号受试者分别穿着 3 种不同服装时后背温度变化曲线，受试者在穿着实验过程中对各试样服装热湿舒适性的各项热湿感觉因子给出了得分平均值，主观评价结果如表 5-3 所示。各因子得分越高则热湿舒适性越差，因为评价的形容词是对舒适感的否定描述。我们选择的五分制标尺，5 表示非常，4 表示适度，3 表示无明显感觉，2 表示几乎不，1 表示绝对不，中间一项是语义中间点。

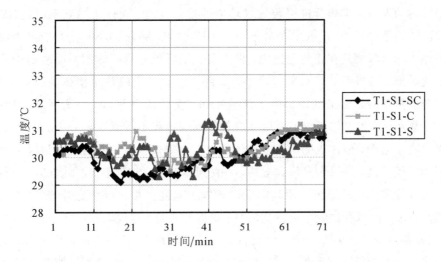

图 5-8　S1 号受试者穿着 3 种不同面料服装时后背温度的变化曲线

表 5-3　S1 号受试者主观评价结果

服装	评价时刻/min	潮湿	闷热	黏身	不干爽	不透气
SC	25	3	2	2	3	3
	45	2	2	2	3	2
	65	1	1	1	1	1
C	25	4	4	2	3	3
	45	3	4	3	4	4
	65	2	4	1	2	3
S	25	4	2	2	5	4
	45	4	3	4	3	3
	65	2	2	3	3	3

通过表 5-3 所示的主观评价，受试者对 3 种面料服装的主观热湿感觉评价的趋势与体表温度变化的趋势一致。

通过 3 种面料服装穿着实验结果分析，大豆纤维和棉纤维面料服装温度变化趋势相似，受试者穿着大豆纤维和棉纤维面料服装运动时体表温度下降比较缓慢，体表的高湿度持续时间也较长。受试者体表温度下降最快的是穿着 50/50 大豆/棉面料服装。受试者穿着 50/50 大豆/棉面料服装时，运动过程中体表温度随湿度的上升而下降，运动停止后体表温度随湿度的下降而快速恢复。

当服装内的温湿度偏离标准服装气候环境的温湿度时，人体会感到不舒适(参照标准服装气候的舒适条件)。图 5-8 中在第 25 min 评价时刻，穿着 50/50 大豆/棉纤维面料服装的受试者体表相对湿度还在正常范围内，但穿着大豆纤维和棉纤维面料服装的受试者体表的湿度早就偏离了标准服装气候的湿度条件。由于运动产生的热量使体表温度不断升高，根据受试者的热湿舒适性主观评价因子评分可知，受试者穿着 50/50 大豆/棉面料服装时最舒适，穿着大豆纤维和棉纤维面料服装时都感到闷热和不干爽；第 45 min 评价时刻，受试者虽然停止了运动，但体表的出汗散热形式在一定时间内仍然存在，这是因为人体为了抑制体温的继续升高，要以出汗形式散热，一直到体表湿度达到最高。由图 5-8 所示可知，测试穿着棉纤维和大豆纤维面料服装的受试者体表温度和相对湿度比穿着 50/50 大豆/棉面料服装高很多，所以受试者才会感觉闷热、潮湿和黏身。这说明在出汗条件下，50/50 大豆/棉面料转移热湿的能力大于棉纤维面料和大豆纤维面料。第 65 min 评价时刻，由运动而产生的热量基本上转移到了外环境，穿着棉纤维面料和大豆纤维面料服装的受试者的体表湿度仍高于其静坐时的值，穿着 50/50 大豆/棉面料服装时受试者的体表湿度基本已经下降到静坐时的值。总体评价结果是穿着 50/50 大豆/棉面料服装的受试者对热湿舒适感评价最好。

本 章 小 结

本章通过对一组服装面料的红外测温实验，应用红外热像技术进行服装隔热性能比较。理论分析和实际检测证明，虽然红外与热湿传递之间还没有完全建立关系，但与传统的方法相比，红外热像技术在测试服装的隔热值(热阻)时更简单直接。通过对不同环境下的穿着实验中温度变化曲线分布的客观结果和主观评价结果分析，得出 3 种实验服装中，50/50 大豆/棉面料服装的热湿舒适性能最好。由此可见，红外热像技术在服装热舒适性研究和应用中是一种行之有效的方法，是判断服装热舒适性的重要工具之一。

第 6 章

基于红外热像技术的电气设备在线监测研究

　　众所周知，发电厂生产电能是一个连续、不间断的过程，这就是说电能从生产到使用过程中所有的环节几乎是在同一时间发生的。当其中任何一个环节出现纰漏(如电气设备损坏、输电线路故障等)时，都会降低电力系统运行的稳定性，严重时会造成经济或财产损失甚至人身伤害。21 世纪以来，我国的经济实力飞速发展，城市化进程加快，对电能的需求也进一步扩大。国家电网为了契合城市的发展以及社会生产对电力的需求，提出要构建以特高压电网为根基、交直流混连、融合多种分布式电源的坚强智能电网，其核心是在保证可靠供电的前提下，将更加可靠、先进、智能的输配电技术应用于电网。由于电力系统中增加了更多的电气设备，也就增加了电力系统运行的安全隐患，因此需要更先进的监测技术来保证大量电气设备的安全可靠运行。

　　红外热像仪作为当前应用最广、发展最快的先进设备之一，已大规模应用于电力系统电气设备的故障监测当中，并展现出其他检测设备难以替代的强大实力。应用红外热像仪能够在不停机的情况下监测电气设备的运行状态并能预先发现设备的故障缺陷，对于保障电力系统供电可靠性和安全运行具有重要意义。当前电气设备的红外监测手段主要是依赖人工巡检，并未形成软硬件相结合的智能系统，无法满足电力系统对检测准确度和测量效率的要求。本章深入分析了电气设备的红外辐射规律及测温方法，并结合红外故障诊断原理，设计了一套与红外检测设备配合使用的电气设备在线监测系统。

6.1　电气设备故障概述

　　电气设备的故障大多是由于设备中的零部件连接松动、接触不良或者漏磁造成的。电气设备发热故障综合统计见表 6-1。

表 6-1　电气设备发热故障综合统计表

类别	设备名称	常见热源部位	占总故障百分比/%	类别	设备名称	常见热源部位	占总故障百分比/%
外部热故障	隔离开关	接头、触头	44	内部热故障	断路器	触头	3.3
	穿墙套管	接头、支撑板	19		变压器套管	缺油、将军帽	2.5
	线夹	夹线口	6.5		电流互感器	顶帽、绝缘	0.7
	变压器套管	接头	4		电压互感器	线圈磁路故障	0.3
	电流互感器	接头	3		耦合电容	绝缘缺陷	0.6
	断路器套管	接头	4		阀型避雷器	均压电阻开路受潮	1.2
	电抗器	接头	2.3		电缆头	绝缘、接头	2.7
	阻波器	接头	1.2		其他		4.5

电气设备发热故障表现为设备故障区域温度异常升高,其故障类型主要分为两种,即电压型过热故障和电流型过热故障。根据这一明显的故障特征,对电气设备进行在线监测,并快速分析出故障类型、存在的位置及严重程度是电力系统故障预警的研究重点。

电气设备在线监测系统具有预防性、便捷性等优点,受到了国内外电气行业专家的重视。同时研究出更加先进的在线监测技术以降低监测系统的成本,使得在线监测能够广泛施行尤为重要。该技术的运用,可以提早发现一些尚未造成严重事故的设备缺陷,既节约了大量的维修成本,也能够提高对用户连续供电的能力,这对于智能电网的发展和生产生活用电方面具有非常重要的意义。而变电站作为发电厂和用户连接的纽带,站内设备的运行状况直接决定对用户的供电能力,所以变电站在线监测技术的应用研究是现今国内外研究的重点。

6.1.1　电气设备故障特征

电气设备在长期工作过程中,会出现老化等问题。随着时间的推移,这些问题会逐步演化成故障,最后导致严重的电力事故。电气设备故障特征如下:

(1)随机性。电气设备暴露在大气环境下,遭受风吹日晒、雨打雪淋,这些外界条件无时无刻不在"摧残"着设备,致使设备的任意位置都可能存在安全隐患,进而引发故障。这就是说，电气设备每时每刻都有可能发生故障。

（2）阶段性。电气设备从正常运行到发生故障的过程一般分为三个阶段：

① 潜伏阶段。该阶段设备存在微弱的缺陷，几乎不影响设备的正常运行，故工作人员很难通过设备运行状况来判定设备有无异常。

② 发展阶段。该阶段设备已经表现出一些故障特征，且可用对应的数学模型表示，故使用红外热像仪等监测设备已能明显监测到故障的存在。

③ 损坏阶段。该阶段的特征表现为设备的劣化程度已超过相应部件所能承受的劣化极限，为了保证电网的安全运行，必须退出该设备，并进行消缺处理。损坏阶段发展过程长短各异，时间越短，说明故障越严重，对设备的损害也越大。为了避免出现损坏阶段，延长电气设备的使用寿命，需要研发先进的监测技术，尽早发现故障隐患，防患于未然。

（3）隐蔽性。由上述可知，电气设备故障发展过程总是由微观到宏观、由局部到整体、由隐蔽到显露的，这就是故障的隐蔽性。显然，故障的隐蔽性给工作人员分析故障造成的原因及寻找故障发生的位置造成不便。

（4）多发性。在电气设备已经发生故障后，设备就变得较为"脆弱"，容易引发另外一些故障，而新产生的故障使得设备更加"脆弱"，如此循环下去直至设备报废，这就是故障的多发性。故只能针对存在缺陷的设备，提前进行检修避免故障发生。

6.1.2　故障对设备性能的影响

电气设备的重大缺陷和严重事故往往是由微小的缺陷逐步发展而带来的（地震、雷击和风灾等外力破坏除外）。产生各类故障的原因各异，且微小缺陷的发展过程也存在阶段性和隐蔽性，故这些微小缺陷极难被发现。当缺陷发展到一定严重程度，甚至造成停电事故时，对电气设备造成的损坏是不可逆的。电气设备发生故障对电力网是巨大的威胁，不能让存在故障的设备继续运行在电力系统中。设备出现故障会造成以下几个方面性能的下降：

（1）机械性能下降。当设备的内部存在某种缺陷时，其相应部位的温度会显著升高，而长时间在高温情况下运行，设备的机械性能会严重下降，金属会发生"软化"。当金属发生"软化"后，其承重能力显著下降，设备的机械结构发生蠕变，而当天气情况发生变化致使设备温度下降时，金属的机械强度又恢复正常。长此以往，设备的固定连接处将发生机械形变，严重情况下可能会导致连接处断裂。

（2）材料性能劣化。电气设备绝缘材料的劣化与设备长时间处于高温运行状况下有很大关系。材料劣化主要是化学性能劣化，绝缘材料长期处于外界环境下，时刻发生着微弱的化学变化。众所周知，高温会加速物质间的化学反应，所以高温条件下，材料的化学变化更加剧烈，材料绝缘性能下降，设备的工作寿命减少。

（3）电气性能劣化。设备电气性能下降主要是机械性能和材料性能劣化综合作用的结果，其主要表现在导体导电性能下降和绝缘材料绝缘性能下降两个方面。导体导电性能下降说明导体阻抗增大、阻抗损耗增加，造成电阻性发热；而发热又导致阻抗损耗增加，如此往复使得设备电气缺陷越来越严重。绝缘材料性能下降，会导致在工作电压情况下的绝缘击穿，引发严重的电气故障，甚至造成人身伤亡。

综上所述，人们需要研究出一种专门用于电气设备监测的红外监控技术，以便减少由电气设备故障而造成的人身伤害和经济损失。

6.1.3 电气设备的温度变化

电压或电流的作用致使电气设备内部产生大量热能，并源源不断地向外辐射热能量，且温度越高，热运动越剧烈，辐射能量就越大。通过红外探测器可以采集到物体的红外辐射能量数据，测温软件将能量数据转换为温度数据，再通过光机扫描系统处理，便可在计算机上显示物体的红外图像。

当电气设备发生故障后，常伴随有电压和电流的变化，进而导致故障设备局部或整体温度发生变化。产生温度变化的原因主要有以下几种：

（1）电力系统输电回路金属导体的电阻值虽然较小，但发生故障时的故障电流极大。这就使得电阻的有功损耗较正常时有一个很大的增量，从而导致该导体温度上升。这部分发热功率为

$$P = K_f I^2 R \tag{6-1}$$

式中：P 为发热功率（单位：W）；K_f 为附加损耗系数；I 为通过负荷的电流（单位：A）；R 为载流导体的直流电阻（单位：Ω）。

通常导电回路中的设备衔接处、触头等部位连接不紧密会引起该部位电阻增大，发热功率增大。而电阻阻值随温度变化成正比例关系，如此便会出现恶性循环，威胁电网的运行安全。

（2）电气设备中既包含用于输送电流的金属导体，也包含电介质绝缘材料，两者缺一不可。金属导体给电流流通提供路径，而绝缘材料则限定电流按规定的方向流通，不至于因自动寻找最短路径而被消耗掉。绝缘材料会随着时间的推移发生劣化，主要是因为电介

质长期处在高压环境下，久而久之会产生有功损耗，主要包含两种：电导损耗、极化损耗。损耗功率如下：

$$P = U^2 \omega C \tan\delta \tag{6-2}$$

式中：P 为电介质的有功损耗（单位：W）；ω 为交变电源的角频率；C 为介质的等效电容值（单位：W）；$\tan\delta$ 为介质损耗角正切值。

由式（6-2）可知，$\tan\delta$ 与电气设备电压等级有关，而与该设备是否有电流流通无关。当绝缘介质劣化或者被击穿时，介质绝缘性能下降，有功损耗增加，设备的温度升高。

（3）电气设备常年暴露在大气条件下，表面会积累粉尘、水分等杂质。由于杂质的存在，因此设备表面会产生泄漏电流，使得该区域温度上升。这是绝缘子、套管类部件的主要发热原因。其发热功率表达式如下：

$$P = U_d I_g R \tag{6-3}$$

（4）具有电能变换能力的电气设备都包含有大量的铁磁材料。此类设备若存在异常（如变压器铁芯饱和），便会产生循环电流，致使设备局部温度异常。

（5）避雷器类设备在电网中运行，会使电场电压不再均匀，发生畸变，电场强度高的地方温度高。

综上所述，电气设备发生故障时往往表现为故障区域温度升高，根据这一特性，可以利用红外检测设备检查电气设备是否存在故障。而且，不同的设备发生故障时表现在红外热图上都有其相应的特性。工作人员可通过与以往的监测数据作对比，便能观察出是哪类设备的何种故障。应用红外检测设备可以快速判断电气设备存在的缺陷，极大地节约了故障检测时间。

6.2　电气设备在线监测系统

变电所电气设备发生故障的类型 90% 以上都属于热故障，通过红外热像仪能够明显观察到设备的温度变化。基于此，我们设计的电气设备在线监测系统是依据设备表面的温度变化来判断设备是否存在缺陷的。该系统所使用的前端采集设备为美国 FLIR 公司生产的 FLIR A655sc 红外热像仪，该热像仪支持 RJ-45 网络接口并自带网卡。红外热像仪与计算机之间通过千兆以太网线相连，以 TCP/IP 协议为基准，实现采集的图像数据和温度数据的传输以及计算机对红外热像仪的基本控制。数据传输完成后，数据被保存在计算机本地磁盘上，并利用计算机强大的运算能力配合在线监测软件对采集到的温度、图像数据进行分析。电气设备在线监测系统的硬件框架如图 6-1 所示。

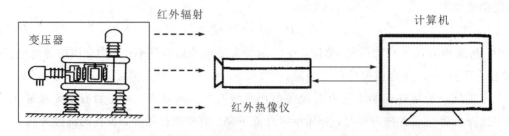

图 6-1　电气设备在线监测系统的硬件框架

在利用红外热像仪进行图像和温度数据采集时需要注意的是，选择的热像仪的监测位置应在保证安全的前提下尽可能靠近电气设备，尽可能全面地覆盖监测点或区域，以减少大气颗粒等因素的影响，确保所测得温度数据的准确性。电气设备在线监测系统硬件连接实物如图 6-2 所示。

图 6-2　电气设备在线监测系统硬件连接实物图

电气设备在线监测系统的硬件主要由 DELL Vostro 3650 商用计算机、FLIR A655sc 红外热像仪、伟峰 WT3520 三角架、RJ-45 网络连接线等组成。

（1）FLIR A655sc 红外热像仪。FLIR A655sc 是由美国 FLIR 公司生产的一款在线式红外热像仪，实物如图 6-3 所示。

该红外热像仪采用非制冷辐射热计焦平面红外探测器，能够拍摄出高清晰、高灵敏度的红外图像，可实现非接触高精度测温，同时拥有多种先进功能，可满足科研人员需要。FLIR A655sc 红外热像仪的主要性能参数如表 6-2 所示。

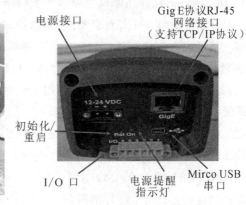

(a) FLIR A655sc 热像仪裸机　　　　　　　　(b) 热像仪接口

图 6 - 3　FLIR A655sc 红外热像仪

表 6 - 2　FLIR A655sc 主要性能参数

参　　数	规　　格
分辨率	640×480
波长范围	7.5~13.5 μm
热灵敏度	0.05℃(在 30℃)
视场角/最小焦距	25°×19°/0.25 m
空间分辨率	0.68 mrad
调焦方式	手动或自动(内置电机)
测温范围	−40~150℃、100~650℃
测温精度	±2℃或 650(1±2%)℃
发射率矫正	0.01 到 1.0 不等
反射表象温度校正	自动,基于反射温度输入值
大气透射率校正	自动,基于距离、大气温度及相对湿度的输入值
数据传输	千兆以太网
输入电压	10~30 V
网口	RJ-45
设置功能	温度单位℃/℉,IP 地址

FLIR A655sc 红外热像仪主要应用于科研领域，红外分辨率达到 640×480 像素，拥有 25°×19°的大视场角，可实现自动/手动切换调焦，24.6 mm 焦距保证摄像清晰，提高了测试精度。其还拥有高速红外窗口功能，频率可高达 200 Hz，以窗口模式记录红外图像。可正常测量处于−40∼150℃范围内的物体，测量误差仅有±2℃。该红外热像仪可测波长处于长波段(7.5∼13.5 μm)，长波段适用于低温度区间的测温，电气设备的温升均在此范围内，即能够满足测温要求。

（2）电源模块。为了满足实际情况的需要，电气设备在线监测系统所采用的是 220 V 的 DELL Vostro 3650 商用计算机工作电源，且采用的 FLIR A655sc 系列红外热像仪配置了 100∼240 V 转 12 V 的交流电源适配器。两种设备均能在变电站提供的电压下正常工作。需要注意的是，由于硬件的限制，电气设备在线监测系统仅适用于海拔 2000 m 以下的地区。

（3）RJ-45。FLIR A655sc 拥有 RJ-45 网口，支持千兆以太网多频段传输，计算机可通过该口与红外热像仪完成通信。RJ-45 是布线系统中信息插座连接器的一种，分为插头和插座两部分，插头部分包含 8 个凹槽和 8 个触点。将带有传输线的插头插入插座，即可实现两个设备间的信息交流。插头弹片可维持与插座间牢固的电气联系，不致因为人为的误碰、拖拽等造成数据传输的中断。

6.3　电气设备在线监测系统软件设计

6.3.1　软件开发环境及设置

电气设备在线监测系统功能多样，为了便于工作人员的操作，在设计该系统软件界面时秉承直观、简洁的原则，做到交互界面友好、工作人员易上手等。另外，由于电气设备缺陷的产生具有随机性，在线监测系统要长期处于运行状态，因此该系统必须满足长期运行的稳定性和可靠性要求。基于对操作系统性能和易用性的要求，我们决定采用 Windows 7 操作系统。Windows 系统已历经了好几个版本的更新迭代，现已发展成为功能强大、运行稳定、操作灵活、易于扩展的操作系统。它是使用最为广泛的计算机操作系统，用它作为本软件的开发平台能够满足电气设备在线监测系统的要求并达到性能指标，而且它还提供以下几种在线监测系统所必需的功能：

（1）Windows 系统提供了一套为应用程序服务的函数集(称之为 API 函数)，该函数集功能多样。开发者在使用该函数集时，只需在程序中直接调用，无需考虑某功能如何实现的细节。

（2）在线监测系统实时监控功能的实现得益于 Windows 系统多媒体的支持。

（3）Windows 系统是一种多任务操作系统，可同时加载多项任务或进程，也可设定多种任务的优先级，做到重要任务优先处理。

（4）Windows 系统的中断响应能力对控制系统来说是非常重要的，因为在控制过程中不可避免地会遇到一些突发事件，这就需要中断机制来处理这些事件。

（5）在线监测系统需要记录故障诊断数据或报警数据，Windows 系统提供多种数据访问接口，可实现数据的记录和查询功能。

电气设备在线监测系统的软件开发工具采用 Microsoft Visual Studio 2010（简称 VS2010）。Visual Studio(VS)是基于 Windows 操作系统设计的应用开发平台。VS 拥有全面的软件开发工具集，包含软件开发过程中所需的大部分工具（如 UML 工具、代码管理调试工具、集成开发环境 IDE 等），并且具有较强的兼容性，可完美移植到其他的微软开发平台。VS 中包含有基于 C＋＋语言开发进行界面设计的界面库，称为微软基础类库（Microsoft Foundation Class Library，MFC）。MFC 是由 Windows 系统的 SDK 开发包封装而来的，其中包含大量的 API 函数和一个应用程序框架。

在 VS 中新建一个 MFC 项目后，开发环境会自动生成许多应用程序代码，相当于建立了一个通用的框架，因此开发人员只需关心程序实现逻辑和编写实现具体功能的代码，无需再编写底层文件，从而提高了工作人员的研发效率。但由于该框架具有普遍的适用性，因此没有很好的针对性。

C＋＋是一种面向对象的开发语言，使用 VS/MFC 可充分发挥这一语言的特性开发出基于 Windows 系统的应用程序。电气设备在线监测系统的软件设计语言采用 C＋＋，这样更有利于将系统面向对象的思想与程序执行的功能逻辑紧密结合在一起，同时又具有以下三个优点：

（1）为了实现系统整体的功能，首先将其分解成若干个小的部分并实现每个小部分的功能，然后再整合在一起，这样做有利于降低开发难度。

（2）对于已经实现的功能可直接利用或在此基础上添加其他功能。

（3）用该方法设计出的程序具有较高的可读性，如果需要改变程序功能，则只需要更改相对应的部分，其他部分不受影响。

6.3.2 系统设置模块

电气设备在线监测系统通过红外热像仪采集电气设备的温度数据和图像数据，再通过系统软件在显示器上显示这些信息。仅仅通过红外图像来判断设备的运行状况，这对工作人员的专业能力要求极高，需要工作人员有扎实的专业素养和丰富的红外诊断经验。由于只有少部分的工作人员具备这种能力，以致该类工作人员面临较大的工作压力，所以我们设计出一种具备故障诊断及事故报警功能的电气设备在线监测系统，配合红外热像仪完成监测工作。该系统能够快速诊断设备的运行状态，及时发现设备异常，并能帮助工作人员及时制定检修方案。

电气设备在线监测系统设置模块包含网络连接设置和监测方式设置。

1. 网络连接设置

网络连接设置是指对计算机与红外热像仪进行网络参数设置，以实现数据信息交互。

网络连接设置设定红外热像仪和计算机通信的 IP 地址和端口号。红外热像仪的 IP 地址是由生产厂家事先设置好的，FLIR A655sc 红外热像仪的 IP 地址为 10.0.0.174，端口号为 9998。计算机要和红外热像仪通信，需要使两个设备处在相同的局域网段，即在计算机端将本地连接 1 的 IP 地址设置为 10.0.0.＊。＊可以是 1～254 之间除 174 之外任意一个数字代表的地址。需要注意的是，在使用软件连接红外热像仪时，必须将其端口号设置为与红外热像仪端口号相同的数值，这样才能成功连接红外热像仪。

当工作人员重新启动软件时，需要再次设置网络参数。为了避免无意义的重复性工作，系统将第一次工作人员设置的参数通过 Windows 的注册表保存。再次启动在线监测系统时，工作人员无需进行网络设置，系统将自动从注册表中获取之前的设置。如果需要修改之前的参数，则需要重新设置。

注册表实际上是一个数据库，用于存储操作系统和某个应用程序之间的数据。当工作人员打开某一应用程序时，注册表会给操作系统配置应用程序信息，这样应用程序就可获得之前存储在注册表中的数据。Windows 系统为开发人员提供了三个函数来操作注册表，分别是 RegCreateKey、RegSetValue、RegQueryValue。RegCreateKey() 函数用来建立一个新的注册表，之后使用 RegSetValue() 函数将工作人员设置的网络参数信息保存到注册表中。当需要读取注册表中的信息时使用 RegQueryValue() 函数来实现。

2. 监测方式设置

由于不同时间段的电气设备负荷率存在差异，电气设备在线监测系统设计两种监测方式以满足不同时间段的监测工作，工作人员可根据电气设备负载情况选择合适的方式。为了避免用户的反复设置工作，首次设置这些系统参数后，在线监测系统会将这些参数记录在计算机的 Windows 注册表中。下次启动系统时会直接读取，不再需要重复设置。

监测方式设置模块用于设定电气设备在线监测系统的数据采集周期。电气设备在高负荷或满负荷情况下更容易暴露缺陷，为了获得良好的监测效果，人们在电气设备在线监测系统中依据电气设备不同时期的工作状态，有针对性地设计了两种在线监测方式，工作人员可根据以往的运行经验选择合适的方式。

（1）定时监测。定时监测是一种周期性的监测方式，由工作人员选择监测周期后，在线监测系统每隔固定的时间启动，监测电气设备的运行情况。该种方式适用于工业供电型电气设备，其全天都处于高负荷运行的状况。

（2）整点监测。整点监测方式是选择高峰负荷时间段进行监测（如 6 点至 8 点、19 点至 21 点），该种方式适用于居民供电型电气设备，高峰负荷会固定出现在某些时间段。

监测方式的设置功能通过数组 monitorMode[] 来实现，该数组用来记录工作人员所选择的监测方式以及监测周期或时间点。数组的首位用来记录工作人员选定的监测方式，若采用定时监测，则数组首位置为 1，其余的元素用来存储所选择的监测周期；若采用整点监测，则数组首位置为 0，其余的数组元素用来存储所设置的需要监测的时刻，整点监测时刻判定逻辑框图如图 6-4 所示。

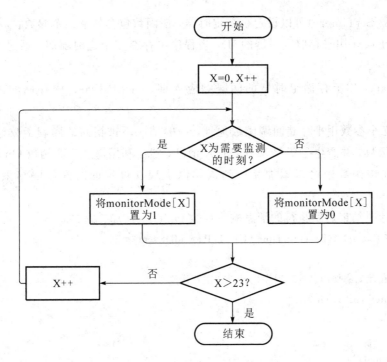

图 6-4　整点监测时刻判定逻辑框图

为了实现系统的在线监测，在程序设计中需要使用定时器，进而实现定时监测和整点监测。

1）定时器

定时器最显而易见的作用就是定时。在软件设计中经常用到定时器，它可以对完成程序需要执行的任务实现定时。程序在定时器的作用下可以在每个固定的时间或者周期去执行每一项必要的操作。例如，当需要设置一个定时数据采集系统时，假设间隔周期为 1 h，那么每隔一段时间（由研发人员设置）就进行一次判定，若不足 1 h 则等待下次判定，若 1 h 计时结束，则自动执行消息处理函数，完成数据采集。

软件设计用 VS2010 编程时，实现定时器的功能有两种方法：

（1）在 MFC 的窗口基础类 CWnd 中可以利用定时器设置函数 SetTimer() 实现定时。

（2）直接使用 Windows 提供的 API 函数 SetTimer() 来实现定时。

两种方法的使用范围有很大差别，CWnd 类的 SetTimer() 成员函数只能在 CWnd 类或其派生类中调用，而 API 函数 SetTimer() 可以在程序的任何范围内调用。电气设备在线监测系统的网络定时采用第二种方式，通过成员函数 SetTimer() 和 KillTimer() 来实现系统的定时功能。

通过函数 SetTimer() 可以设定一个定时器，该函数包含如下三个参数：

（1）nIDEvent 用来存储定时器的 ID，当程序中存在多个定时器时，通过 ID 号调用对应的定时器。

（2）nElapse 用于存储定时器的间隔响应周期，与 nIDEvent 中存储的定时器 ID 相对应。

（3）第三个参数用来存储回调函数地址，一般情况下被指向的回调函数地址为空，即不启用回调函数，并产生一条 WM_TIMER 消息，然后利用消息响应函数 OnTimer() 响应该条消息，在该函数中可以添加相应的语句以实现在设定的时间间隔结束后完成某种操作。

定时器计时结束后所执行的消息响应函数 OnTimer() 的结构如下：

```
void CExample44Dlg::OnTimer(UINT_PTR nIDEvent)
{
    //在此处添加消息处理程序代码或调用默认值
    switch（nIDEvent）
    {
    case 1:
    func1();
    break;
    default:
    break;
```

```
    }
    CDialogEx::OnTimer(nIDEvent);
}
```

当不再需要定时器计时，可以使用停止时钟函数 KillTimer() 中止该进程。该函数的结构如下：

```
    bool KillTimer(UINT_PTR nIDEvent);
```

若成功停止对应定时器，则将返回值置 1；若不存在对应的定时器，则将返回值置 0。

2）定时监测

电气设备在线监测系统通过调用 MFC 的 CWnd 类提供的成员函数 SetTimer() 设置一个 60 s 的定时器，在该定时器的响应函数 OnTimer() 中设置一个计时器用来实现监测周期的定时。如 SetTimer(1，60000，NULL) 是指定时器完成 60 s 的计时后执行 OnTimer() 函数，完成一个 1 h 的计时等价于计时 60×60 s，当 60 s 的定时器响应函数中的计时器叠加 60 次后，计时器清零，然后执行下一阶段的计时。定时监测流程如图 6-5 所示。

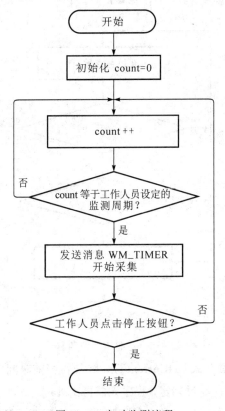

图 6-5 定时监测流程

3）整点监测

整点监测是指电气设备在线监测系统在软件中设置的每个整点时间进行先判断后采集数据的监测方式。使用 GetCurrentTime（）函数可以实时获取当前系统时间 T，用 T. GetHour（）来获取当前整点数值 h1。整点监测开始时先初始化 h 为 255，设置为非整点时刻即可；再将前面函数获取的整点数值与数组 monitoreMode［25］中的值进行比较，判断该整点数值是否需要监测。系统初始化所设定时刻必须是一个大于 24 的整数，因为当小于或等于 24 时，若当前时刻正好与给定初始化的值相等并且需要在该时刻执行监测任务，而系统的判断逻辑认为已经判定过该时刻自动忽略，但系统中并没有保留任何该时刻的信息，则该时刻的监测任务无法被执行。整点监测流程如图 6-6 所示。

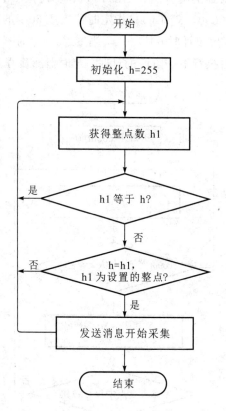

图 6-6　整点监测流程

由图 6-6 可知，在通过函数 GetCurrentTime（）获得当前时间后，先判断 h1＝h 语句是否成立，若成立则表示该时刻已经判定，程序无需再次处理，立即执行返回；如果不成立则说明是一个新的整点时刻，需再次判断是否需要监测，如果需要监测则发送信息，采集数据。

3. 图像处理

红外图像处理的功能是增强图像的显示效果。红外图像必须显示在系统主界面，这就要求视觉效果清晰，以便工作人员能第一时间发现异常设备。

人的视觉神经系统对于图像灰度的细微变化不敏感，但对色彩的细微变化却极为敏感。这是因为人眼所能分辨的灰度等级极少，只有二十几个，而对于不同色调的彩色图像，人眼可分辨的色彩等级可达到灰度等级的上百倍。综上所述，若在图像监测区域显示彩色图像，将更有利于工作人员对设备的观察。伪彩色增强就是基于这一理论而提出的图像增强技术，并且其图像增强效果显著，在各个领域都得到了广泛的应用。伪彩色增强是指将温度值对应的灰度值通过一定的变换关系映射为唯一的彩色值的过程。其原理是先将电气设备的温度值划分成 0～255 个灰度等级，然后进行伪彩色变换，将每一灰度等级按照一定函数关系变换成 R、G、B 三个通道的值，其中每一个温度值和彩色值是唯一对应的关系。

在电力行业，常用铁红伪彩色编码对电气设备红外图像进行图像处理，铁红伪彩色调色板如图 6－7 所示。

图 6－7　铁红伪彩色调色板

由图 6－7 可以看出，铁红伪彩色编码将图像转换成明显的三部分：在低温时，伪彩色图像呈现深蓝色；在温度较高时，红色分量保持不变，绿色和蓝色分量逐渐增大，此时伪彩色图像逐渐变为黄色；当灰度等级达到 255 时，伪彩色图像呈现白色。通过铁红伪彩色编码的伪彩色图像，能够很好地区分正常温度和过热温度的电气设备。

系统软件分为七个功能模块，其总体功能结构框图如图 6－8 所示。

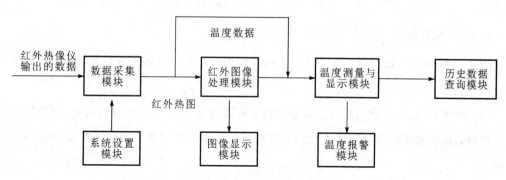

图 6－8　系统软件总体功能结构框图

该软件具备历史数据查询功能，方便工作人员查询和比对。系统的操作主界面包含红外图像显示区、设备温度显示区、监测设置按钮、系统运行状态显示区等。系统运行状态显示区包含网络连接状况、红外热像仪运行状况、报警提醒等提示灯，以便工作人员直观地了解系统的运行情况。

6.3.3　数据采集模块

数据采集模块通过软件控制红外热像仪执行数据采集任务，并将采集的数据分别提供给红外图像处理模块和温度测量与显示模块进行处理。首先连接电源，在线监测系统发送上电指令后等待红外热像仪自检结束，待红外热像仪与计算机连接后，系统发送数据采集命令，数据采集模块完成数据采集工作。我们采用的 FLIR A655sc 红外热像仪与计算机均具有支持 TCP/IP 协议的 RJ-45 网络接口，两者通过千兆以太网线相连，传输速率快，能够高效、完整地传输红外图像和温度数据信息。

1. DLL 文件

电气设备在线监测系统控制红外热像仪获取图像信息是通过 FLIR 公司提供的 SDK 开发包中的函数实现的，这些函数都保存在 DLL（动态链接库）文件中。DLL（Dynamic Link Library）文件为动态链接库文件，又称为"应用程序拓展"。在 Windows 系统中，某一软件并不都包含所有需要执行的文件，还有一部分被分割成一些相对独立的动态链接库，即 DLL 文件，放置于系统中。当某一软件实现某一功能时，DLL 文件就会自动被加载至系统内存。

1）DLL 文件优点

DLL 文件的调用很方便，可以被一个软件调用，也可以被多个软件同时调用。DLL 文件有以下优点：

（1）使用 DLL 文件会给系统的内存减压，有效减小程序本身所占的内存。在刚打开一个软件时，系统并不需要加载所有代码，只有当软件需要使用某一函数的时候才从 DLL 中调用。

（2）使用 DLL 文件，软件被细化为多个功能模块，由相对独立的组件组成。因为模块具有独立性且只有在相应的功能被请求时才加载，所以软件的运行更加迅速。

（3）厂商更新 DLL 文件时，用户只需更新相应的模块，无需重新安装就可完成更新。DLL 文件更新后，只要未改变文件中的具体内容，研发人员就无需对之前编写的代码作出任何更改。

2）DLL 文件的调用方式

DLL 文件的调用方式有两种：静态（隐式）调用和动态（显式）调用。

（1）静态调用方式。程序员在建立一个 DLL 文件时会同时生成一个 LIB 文件，两个文件相互对应，LIB 文件中包含该 DLL 文件的导入函数名，但并不包含具体代码。静态调用时，在进行函数编译过程中，编译程序仅将 LIB 文件编译进应用程序项目，只有当程序运行过程中需要使用 DLL 文件时，系统才根据 LIB 文件中的信息加载对应的 DLL 文件。这种方法简单实用，但只要应用程序运行，DLL 文件就一直占用内存，故增加了 CPU 的负荷，使用不够灵活。

（2）动态调用方式。动态调用是利用一组函数 LoadLibrary()和 FreeLibrary()来实现 DLL 文件的载入和卸载。当应用程序需要调用某一 DLL 文件时，首先通过 LoadLibrary()加载对应的 DLL 文件，然后用 GetProcAddress()函数获取相应函数的指针。当不再需要使用该文件时，通过 FreeLibrary()函数将 DLL 文件从内存中清除，下次需要使用时再重新加载。动态调用方式能够有效节约系统内存，但如果应用程序需要频繁调用 DLL 文件，则需要频繁地重复执行加载卸载操作，架构不够合理，增加了 CPU 响应时间。

综上所述，由于电气设备在线监测系统运行过程中需要频繁地调用厂商提供的 DLL 中的函数，故选择静态调用方式。隐式链接无需在每次调用时将 DLL 文件加载进内存，使用完毕后再释放，而是在软件打开时就同时将 DLL 文件加载至内存，这样做有助于提高系统的运行效率。

2. 热像仪数据采集函数

电气设备在线监测系统控制红外热像仪进行数据的采集过程是通过构建数据采集类 CDataAccess 来实现的。该类结构如下：

```
class CDataAccess
```

```
    {
    public：
    CDataAccess()；
    virtual～CDataAccess()；
    void    FLIR_Init()；
    //设备初始化
    int    FLIR_Connect(const char * IPAddr，int Port)；
    //网络连接
    int    FLIR_Disconnect(int handle)；
    //断开
    int    FLIR_CaptureData(int handle，
    const char * Path，int Frame，int Time)；
    //数据采集
    int    FLIR_Far(int handle，int step=1)；
    //远距离对焦
    int    FLIR_Near(int handle，int step=1)；
    //近距离对焦
    int    FLIR_Auto (int handle)；
    //自动对焦
    }
```

其中，成员函数 FLIR_Connect() 中的 * IPAddr 用来存放红外热像仪的 IP 地址，Port 用来存放端口号，按 6.3.1 小节中介绍的网络连接设置进行设置。

3. 采集流程

若工作人员设定的监测时间间隔结束或到达设置的整点时刻，则定时结束，系统发出消息并执行消息响应函数 OnTimer()，开始数据采集工作。在电气设备数据采集过程中，应在保证安全的前提下使红外热像仪和设备距离尽可能地近，并调整合适的焦距以提高测温精度和工作人员观测到的图像的清晰度。

红外图像采集流程图如图 6-9 所示，当系统开始进行采集时，首先通过红外热像仪控制类 CPtzCameraControl 实现红外热像仪上电指令。

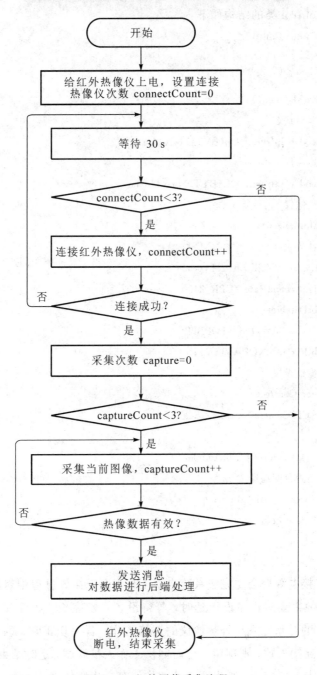

图 6-9 红外图像采集流程

CPtzCameraControl 类的结构如下：

```
class CPzCameraControl
{
    public：
    bool DeviceIsOpen()；
    //判断串口状态
    void Decoder_Infrared_On(BYTE btAddr)；
    //打开热像仪
    void Decoder_Infrared_Off(BYTE btAddr)；
    //关闭热像仪
    void UnInitialize()；
    //串口释放
    bool Initialize(BYTE btCtrlType,
    DWORD dwBaudRate＝CBR_2400,
    BYTE btDatabit＝8,
    BYTE btStopBit＝ONESTOPBIT,
    BYTE btParity＝NOPARITY)；
    //串口参数设置
    CPzCameraControl()；
    virtual～CPzCameraControl()；
    private：
    bool CheckAddr(BYTE btAddr)；
    //检查是否分配地址
    CComProcess serial_Comm；
    //向串口写入数据


}
```

　　红外热像仪连接电源后会先完成系统自检工作。由于在该过程中对红外热像仪进行任何操作均无响应，故需要对程序设定延时，等待设备自检完成，然后系统通过调用数据采集类 CDataAccess 的对象完成红外热像仪的连接工作。若一切正常，则会自动完成后续的数据采集任务；若连接失败，则预留一定时间供工作人员调试，定时结束后重试。重试上限设置为 3 次，若仍未连接成功，则表明红外热像仪存在连接故障。这时，将主界面上连接指示灯变为红色以示提醒，然后断开红外热像仪，结束本次采集。若红外热像仪的探测器损坏，导致聚焦失败等异常状况，则红外热像仪虽然能完成数据采集工作，但并不能保证其中的温度数据是正确的。对这一问题的解决方法是对红外热像仪采集的数据进行校验，均匀地采集红外图像上若干点位以判断采集的温度是否超过红外热像仪所能测得的温度限值，将处于测温范围内的数据加以保存。

6.3.4 历史数据查询模块

电气设备在线监测系统具有历史数据查询功能，利用该功能，工作人员可以查看指定日期的温度数据。要实现数据查询功能，首先要为采集到的数据选择一种存储方式。

1. 数据库的选择

常用的数据库可分为下述三种类型：

（1）以 Access 为代表的面向桌面类的数据管理系统，其能满足一般的桌面办公条件而且应用灵活、操作便捷。

（2）以 Oracle 为代表的大型数据库管理系统，其适用于具有庞大信息需要存储的单位，需要综合性能强大的数据管理系统。

（3）以 Microsoft SQL Server 为代表的中型数据库。

SQL Server、Oracle、MySQL、DB2 都属于大中型数据库，其可存储的数据量庞大，并可实现数据库远程访问功能，适用于大型企业。Access 属于小型数据库，适用于需要存储的数据量较小的单位。

本书介绍的电气设备在线监测系统可安装于变电站的 PC 中，数据存储于本地硬盘，由于系统只需记录本变电站的数据，信息量较少，故选择系统结构简单、操作简捷、系统稳定且能够符合在线监测系统需要的 Access 数据库。

2. 历史数据查询软件设计

VS 支持多种数据库访问方式（如 OLE DB、ADO 等），系统采用适用性最为广泛、操作简单直接的数据库访问技术 ADO 实现对 Access 数据库的访问。ADO 是面向对象的基于 OLE DB 的接口访问技术，访问的是数据库的高层接口，它不但可以访问关系数据库，而且可以访问非关系数据库，其具有访问速度快、占用 CPU 的资源少等特点。

对数据库进行操作需要专门的程序语言，称为数据库结构化查询语言 SQL（Structured Query Language）。ADO 和 SQL 联系紧密，ADO 是为连接到数据库建立通路，而 SQL 是在这个通路的基础上进行对数据的操作，SQL 定义了如何对数据库进行操作（增删改查），ADO 为这个操作提供了可能（Execute 方法）。基于此，电气设备在线监测系统可实现对数据库的增删改查操作。ADO 数据库访问操作步骤如图 6 - 10 所示。

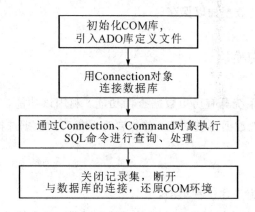

图 6 - 10　ADO 数据库访问操作步骤

　　电气设备在线监测系统包含多个功能模块，均需对数据库进行访问。访问数据库的代码均相同。为了避免大量编写重复性代码，利用 C++语言面向对象的思想，可对访问数据库需要使用的函数进行封装，该类结构如下：

```
class CD atabaseAccess
{
public：
_ConnectionPtr   m_pConnection;
//声明一个 Connection 指针
_RecordsetPtr   m_pRecordset;
//用于打开数据库中记录数据的表格，并可进行更改等操作
CString   m Name;                //数据库名
CDatabaseAccess();                //构造函数
virtual   ~CDatabaseAccess();      //析构指针
bool   AddRecord(CString table, _bstr_t strRecord, COleVariant Value);
//向数据库指定的表中添加记录
bool   OnInitADOConn();          //ADO 连接初始化
void   DeleteTable(CString table);    //删除数据表格
void   CreateTable(CString table);    //创建一个数据表格
bool   CreateDatabase();          //创建数据库
```

```
    void    ClearTable(CString table);           //清空数据表中的数据
    _RecordsetPtr& GetRecordSet(_bstr_t bstrSQL);
    //调用 SQL 语句返回指定记录集
    bool    ExecuteSQL(_bstr_t bstrSQL);
    //执行生成的 SQL 语句完成数据库操作
    void    ExitConnect();                        //退出数据库连接
}
```

该类用于实现监测系统与数据库的连接、温度数据的记录以及历史数据的读取功能。

6.3.5   温度测量与显示模块

在电气设备在线监测系统主界面上可以显示红外图像,虽然可反映电气设备辐射能量的分布,但根据红外图像只能大致了解电气设备哪个部分温度高,哪个部分温度低。若要得到各部位的温度值,则需根据红外图像的灰度值进行计算。温度测量与显示模块在红外图像下方显示当前监测区域的温度数据,工作人员可直观地看到监测设备的当前温度、历史最高温度和区域平均温度。

1. 红外热像仪测温的方法

红外热像仪所采用的温度计算方法有以下三种:

(1)模拟量测温法。模拟量测温法是最早应用于红外测温技术的测温方法。该方法的原理是预先制定好一个特殊的温度点作为参考点,然后采集现场数据与该参考点对应数据通过换算获得物体表面的实际温度。目前,该方法由于操作过程复杂且计算出的温度值与实际偏差较大,已被弃用。

(2)智能化测温方法。模拟量测温法是将参考点温度数据与物体温度数据进行简单叠加后得出一个模拟的温度数据,而智能化测温方法主要是利用微处理器强大的运算能力,根据相应的函数关系对被测物体的温度数据和参考点温度数据进行计算,所得的温度数据比模拟量测温法的数据更加精确。

(3)软件化测温方法。当前的红外热像仪都内嵌有强大的图像处理系统,该系统需要借助相应的软件和硬件以实现其功能。在采集红外图像信息时,该系统的图像分析软件会同时记录测量参数信息,如镜头参数、光圈、测量范围、测温电平、环境温度、目标发射率、目标距离等。利用这些信息可以增加图像温度计算的准确性。通过软件控制可实现下述三种方式的温度测量：

① 区域温度测量。对视区内某一区域的所有设备进行同时监测，若区域内某一点温度超过限值，则启动报警功能。

② 温升测量。选定两个或两个以上的区域同时监测，并以其中一个区域的温度作为参考基准，当其余区域的温度与基准区域的温度差值超过某一限值时，启动报警功能。

③ 混合测量。同时监测某几个区域的温度值和温升值，当其中任意一个超过限值时，启动报警功能。

2. 温度监测的软件设计

电气设备在线监测系统可实现区域温度的测量功能，工作人员可选择一个任意大小的区域进行温度监测，当到达监测时间时，监测系统根据红外图像的灰度值计算选定区域的最高温度和平均温度，并在图像下方的表格中显示出来。

当工作人员在图像上任意位置选择一区域后，即可在温度数据栏左侧键入监测区域名称。

我们设计了一个温度监测类用来保存监测区域电气设备的温度信息，该类定义如下：

```
class CDetectArea
{
  public：
  CDetectArea(UINT DrawType, Cpoint ptOrigin, Cpoint ptEnd, Cstring name)；
  virtual~CDetectArea()；
  Cstring m_MonitName;              //监测区域名称
  Cpoint m_ptOrigin;               //监测区域选择起始点
  Cpoint m_ptEnd;                  //监测区域选择结束点
  float m_MinBrokenTemp;           //监测区域出现缺陷的最低温度
  float m_NormalTemp;              //选择区域温度平均值
  float m_EnirTemp;                //外部环境温度
  float m_MaxTemp;
  float m_MaxExceedTemp;           //当前温度与参考温度的差值
}
```

其软件实现的监测部位设置流程如图 6-11 所示。

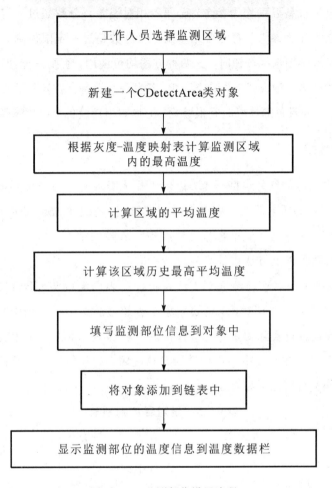

图 6-11 监测部位设置流程

6.3.6 系统报警模块

系统报警模块通过当前监测区域的温度与之前设定的区域内电气设备的温度阈值进行比较来判断电气设备的运行情况。为了保证诊断的精确度，电气设备在线监测系统采用两种方法进行红外诊断，分别是绝对温度判别法和相对温差判别法。

绝对温度判别法是只要被监测设备某一区域温度超过之前设定的值就报警；而相对温差判别法根据选取的参考数据的不同分为两种判别方式：

（1）以正常电气设备温度作为参考，若两者相对温差百分数超过一定限值则报警。

（2）以环境温度作为参考，若两者相对温差百分数超过一定限值则报警。

当用户点击基准热图选择按钮时，这两种方法均可使用，否则只能使用绝对温度判别法和相对温差判别法的第二种方式。系统经诊断，若发现某设备存在异常温升，则将主界面的红色报警指示灯亮起，并且每隔一段时间报警响铃，提醒用户设备存在故障隐患。

1. 红外诊断依据

我国已制定出相应的红外诊断规范，以供工作人员参考。当采集到电气设备的表面温度后，参照手册《交流高压电器在长期工作时的发热》和《带电设备红外诊断应用规范（DL/T 664—2016）》中相应设备允许温度标准，便可判断故障的情况。常用的红外诊断方法有 6 种，常选择两种或两种以上方法以提高故障诊断准确率。

（1）绝对温度判别法。绝对温度判别法是将设备表面温度与 GB/T 11022—2020 中规定的高压开关设备的温度值作对比，通过观察是否超过规定的温升极限来判定设备的运行情况。在变电所等地进行实际测量时还应该探究外界因素与辐射能量相互影响的规律。该种方法主要适用于暴露在空气中的连接件的发热故障，故障原因一般为故障电流致热或电磁效应引起的发热。判别方法如表 6－3 所示。

表 6－3　绝对温度判别表

故障类型	表面温度/℃	温升/℃	相对温差/℃
危机热缺陷	＞90	＞75	＞55
严重热缺陷	＞75	＞65	＞50
一般热缺陷	＞60	＞30	＞25

（2）相对温差判别法。相对温差判别法是将两个基本状况相同的设备的温度进行比较，可以选择设备类型、物理结构、安装位置等基本相同的两个设备进行比较。该方法的提出是为了判别在低温、小电流情况下的设备故障。

当环境温度较高而设备流过的电流又很小时，设备发热不明显，温度值没有超过 GB/T 11022—2020 中规定的限值。但大量的实践经验表明，处于这种情况下的设备并不能完全判定为没有缺陷或故障,故障有可能在环境温度升高或负荷电流增大后显现出来。而同类设备的相对温差并不会因为设备所处的环境或运行状态变化而发生改变,相对温差判别法正是利用这一点对设备进行诊断的。该种方法特别适用于小负荷电流致热型设备的故障诊断,其计算公式如下:

$$\sigma_t = \frac{\tau_1 - \tau_2}{\tau_1} \times 100\% = \frac{T_1 - T_2}{T_1 - T_0} \times 100\% \qquad (6-4)$$

式中:τ_1、τ_2 分别代表发热点与正常点相对参考温度的差值;T_1、T_2 分别代表发热点与正常点当前温度;T_0 为参考温度;σ_t 为相对温差百分比。

根据式(6-4)计算出相对温差百分比 σ_t 后,可由表 6-4 所示的数据判断设备当前的健康状况。表中数据没有体现出在相对温差小于 10℃时的数据,对于该种情况,应在电气设备负荷增大时复测,再根据表中数据进行判断。

表 6-4 相对温差判据

电力设备	σ_t		
	一般	重大	紧急
SF_6 断路器	≥20	≥80	≥100
真空断路器	≥20	≥80	≥100
隔离开关	≥35	≥80	≥100
高压开关柜	≥35	≥80	≥100
充油套管	≥20	≥80	≥100
其他	≥35	≥80	≥100

(3)图像特征判别法。电压致热型设备发生异常时,通常温升较低,但不同设备发生故障时对应的红外图像表现出固定的特征,可根据此来判断设备是否出现故障。在测量时应减少环境温度、气象条件等客观因素对红外热像仪的影响,选择适当的时间、场景对三相设备同时检测以减小误差。必要时可借助分析历史数据的结果进行分析判断。

（4）同类比较法。同类比较法是对相同对象之间的温度进行比较，依据相应的标准确定设备是否存在故障，比较对象应优先选择同组三相设备进行比较。对于电压致热型设备应辅以图像特征判别法进行故障判断，对于电流致热型设备应辅以相对温差判别法进行故障判断，以此来提高故障诊断的准确率。

当电压致热型设备三相电压不对称或电流致热型设备三相电流不对称时，需要考虑工作电压或负荷电流对测量所带来的影响。

（5）档案分析判断法。顾名思义，档案分析判断法就是把设备的每次监测数据记录下来整理成档。连续的记录有助于分析设备不同时期的温度变化情况，该方法常用于枢纽变电站等电力系统重要部位的检测。档案分析判断法常和其他检测方法（如色谱、$\tan \delta$ 等）配合使用、互为参照，通过比较当前数据与历史同时期的数据来判断设备的运行情况。

（6）纵向比较法。纵向比较法是一种数据变换的检测方法。首先在实际条件下采集数据，然后根据公式将数据变换到额定负荷条件下进行分析计算，计算式如下：

$$T_2 = \left(\frac{P_1}{P_2}\right)^2 \times T_1 \qquad\qquad (6-5)$$

式中：T_1、T_2 分别代表当前负荷与额定负荷下设备表面温度值；P_1、P_2 分别代表当前负荷功率与额定负荷功率。

纵向比较法主要用于分析设备的内部缺陷、短路故障、绕组故障、磁路故障。

在实际检测电气设备的故障中，为了保证检测结果的准确，通常运用多种方法进行故障判定。

2. 系统报警设计

结合上述内容，并综合考虑电气设备在线监测系统的应用环境，系统的报警诊断选择绝对温度判别法和相对温差判别法。报警函数 AlarmReason（）实现了系统所需的报警功能，该函数首先采用绝对温度判别法，因为这里只设置了一个阈值，选择监测点允许的最高温度，一旦超过这个温度，则无需用相对温差判别法，即可认定设备存在故障，若未超过，则再使用相对温差判别法根据《带电设备红外诊断应用规范》进行判断，视情况报警。该函数的逻辑框图如图 6-12 所示。

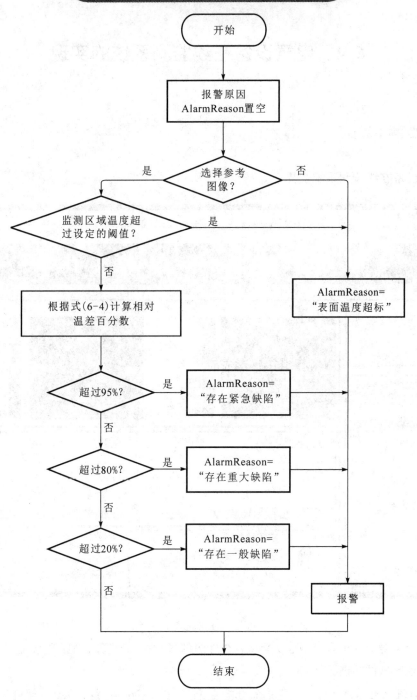

图 6-12 报警函数逻辑框图

6.4 电气设备在线监测系统的实现

6.4.1 监测主界面

电气设备在线监测系统主界面如图 6-13 所示。

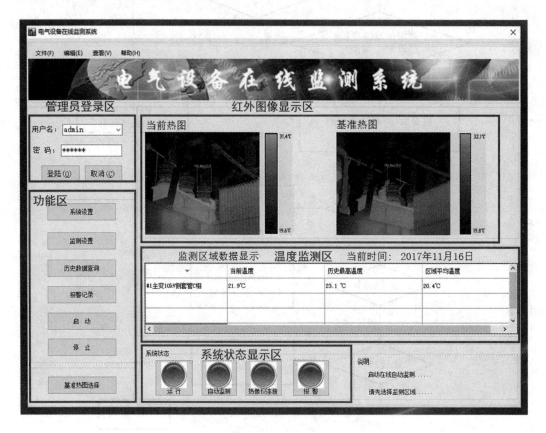

图 6-13 电气设备在线监测系统主界面

主界面包含管理员登录区、功能区、红外图像显示区、温度监测区和系统状态显示区。下面介绍各区域的功能。

（1）管理员登录区。由于电气设备在线监测系统在初次运行时已经对相应参数设置完毕,在后续启动后可直接连接红外热像仪和进行对数据的采集处理。为了防止非专业工作人员误触功能区按钮造成系统误报警等错误的发生,当没有输入正确的用户名和密码时,用户对于某些区域的操作受到限制。只有当专业工作人员输入正确的用户名和密码后,系统才授予该用户操作的所有权限,如设置报警参数、网络 IP 地址等系统设置。

(2)功能区。功能区按钮主要用来设置电气设备在线监测系统的各个参数,包括系统网络参数的 IP 和端口号、系统的启动与停止、红外热像仪的监测、报警温度限值以及报警记录查询等。工作人员在进行实际监测时,可根据现场情况按下"监测设置"按钮选择最优的监测方式,这样会提升监测的效果。在遇到突发状况或者报警时,停止监测工作,工作人员可以打开报警记录,查看日志信息,根据数据的记录就可以找到报警的原因和突发状况的影响因素。

(3)红外图像显示区。红外热像仪采集的红外图像分别显示在监控界面的左右两个区域,如图 6-13 所示。左半边区域实时显示当前的红外图像信息,右半边区域显示用于相对温差判别的参考图像,该图像由工作人员根据实际情况选择。

(4)温度监测区。温度监测区主要显示监测部位名称、当前温度、历史最高温度、区域平均温度及监测时间。

(5)系统状态显示区。系统状态显示区包含 4 个状态指示灯,用来显示整个系统的运行状态,包括系统运行状态监测软件的工作状态、红外热像仪的连接状态以及是否有故障报警。通过系统状态显示,工作人员可直观了解系统各部分的运行情况,如遇突发情况可立即采取相应措施。系统状态显示区的指示灯色彩代表系统不同的工作状态,具体的含义如下:

① 打开软件之后,运行指示灯一直为蓝色。

② 当系统开始监测时,监测指示灯显示为蓝色,否则为红色。

③ 当红外热像仪上电并与计算机网络连接成功后,红外热像仪连接的指示灯显示为蓝色,否则为红色。

④ 当电气设备温度没有超过限值时,报警指示灯显示为蓝色,当出现温度越限时,弹出警告并且指示灯变为红色。

6.4.2 系统运行流程

1. 系统运行总流程

电气设备在线监测系统运行总流程如图 6-14 所示。当用户成功登录之后,首先设置红外热像仪和计算机连接的 IP 地址和端口号；然后由工作人员确定监测区域位置，并设置监测区域的报警阈值，选择适当的在线监测方式；在确认所有参数均设置成功后，启动软件开始自动监测。自动监测按照设置的预置位采集数据，对采集的图像进行伪彩色增强处理并显示；获得监测区域的温度数据，保存至数据库；再根据图像上监测区域的温度数据进行报警判断，视情况显示报警结果；最后保存采集的数据和报警信息，处理完毕后即结束本次操作。

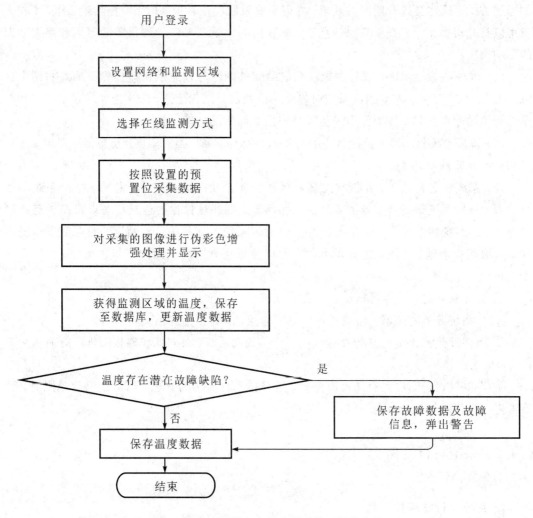

图 6-14 电气设备在线监测系统运行总流程

1) 初始化流程

工作人员打开电气设备在线监测系统软件，输入正确的用户名和密码，然后设置计算机和红外热像仪网络通信的 IP 地址。实现这一过程的部分代码如下：

```
if(this->m_UserName == "admin" && this->m_UserPassword == "123456")
{
    CDialogEx::OnOK();
    //通过调用 CDialogEx::OnOK()工作人员完成登陆并获取相关权限
}
```

之后系统会进行初始化进程，检测计算机与红外热像仪的连接状态，若出现连接异常，则指示灯显示提醒信号，然后由工作人员决定是否重试、中断当前进程关闭软件或忽略，并进行手动调整。电气设备在线监测系统初始化进程如图 6-15 所示。

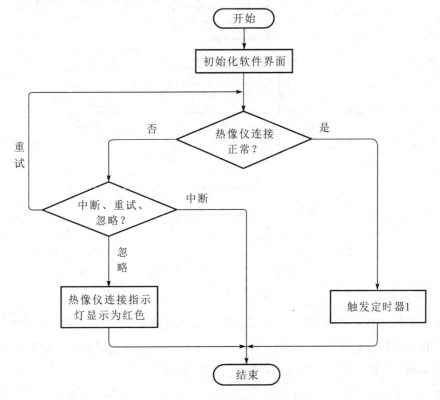

图 6-15　在线监测系统初始化进程

定时器 1 中将调用红外图像处理函数,然后将处理过的图像显示在主界面。由于该阶段并没有正式开始监测,可为工作人员提供一定的时间观察图像,以确定红外热像仪的位置是否偏离。定时器的工作流程如图 6-16 所示。

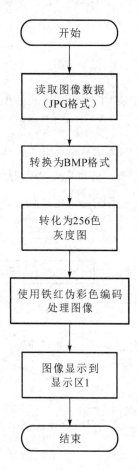

图 6-16　定时器 1 工作流程

2) 工作流程

在监测系统初始化完成之后,工作人员根据实际情况依次完成选择参考图像—设置监测方式—设置报警参数等工作。之后,系统将按照工作人员设置好的参数执行红外图像和温度数据采集。工作人员选择处理流程如图 6-17 所示。

图 6-17 中的定时器 2 定时周期为工作人员选定的监测周期 T,根据工作人员的选择进行整点监测或定时监测,在到达某一时间点或定时周期后自动进行监测。

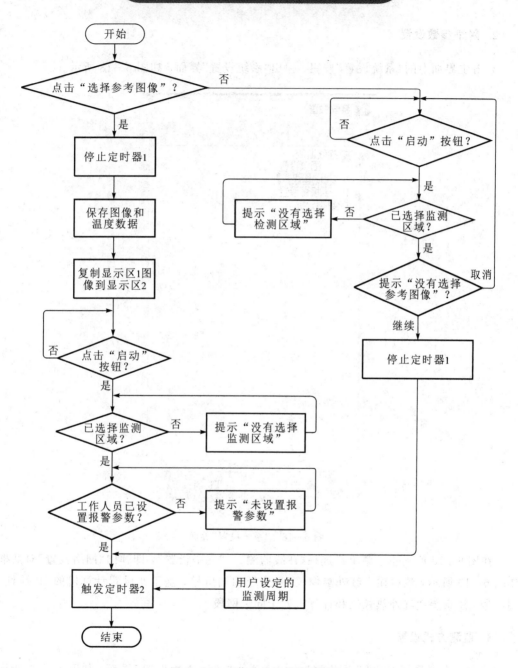

图 6 - 17　工作人员选择处理流程

2. 网络参数设置

点击主界面上的"系统设置"按钮，弹出"系统设置"界面，如图 6 - 18 所示。

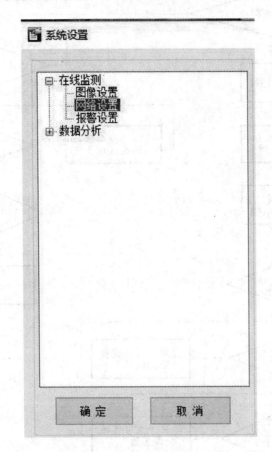

图 6 - 18 "系统设置"界面

在图 6 - 18 所示左边菜单栏选择"在线监测"—"网络设置"，即弹出"网络设置"对话框，如图 6 - 19 所示，然后输入红外热像仪 IP 地址和端口号，基于此设置计算机的 IP 地址和端口号，注意要使红外热像仪和计算机处于同一网段。

3. 监测方式设置

通过点击主界面上的"监测设置"按钮会弹出"监测方式设置"界面，如图 6 - 20 所示。这里选择"定时监测"方式，监测周期设置为 1 小时。

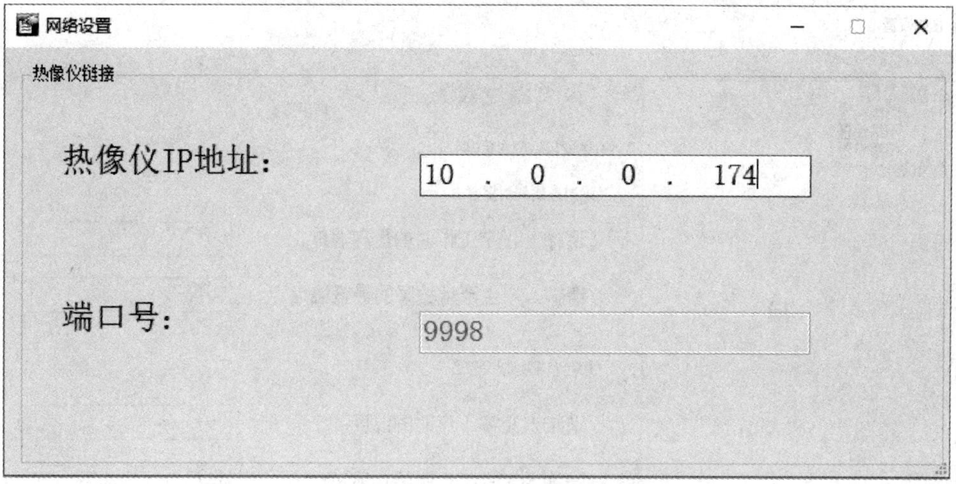

图 6-19　网络参数设置

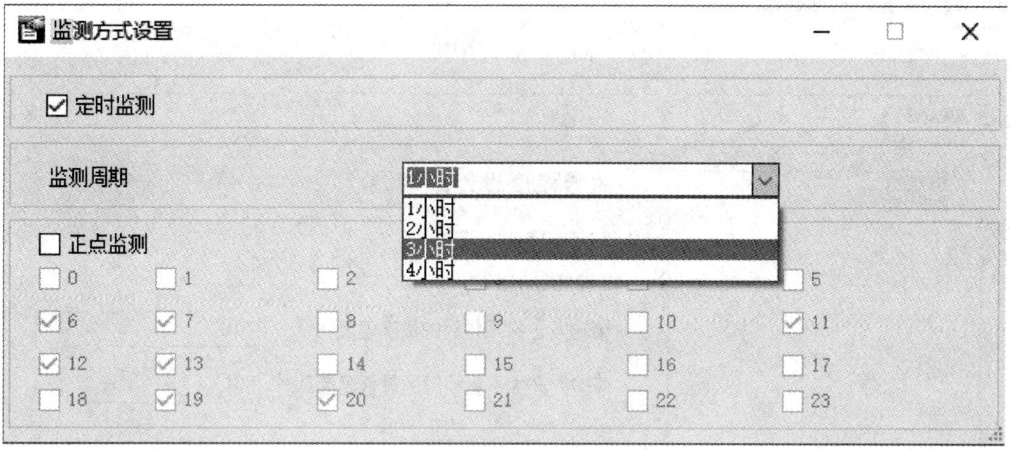

图 6-20　监测方式设置

4. 报警参数设置

在主界面上依次点击"系统设置"—"报警设置",即弹出报警温度设置界面,如图 6-21 所示。不同监测部位,报警温度限值不同,这里选择三组较易发生故障的电气设备进行监测,并根据《带电设备红外诊断应用规范》设定报警参数。

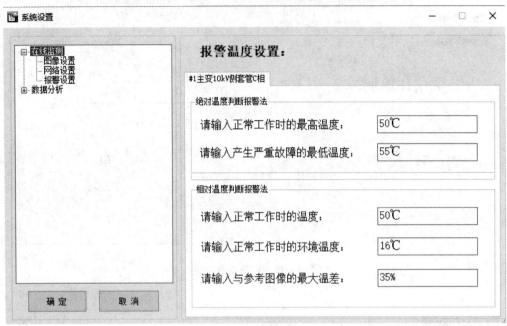

(a) 10 kV套管C相

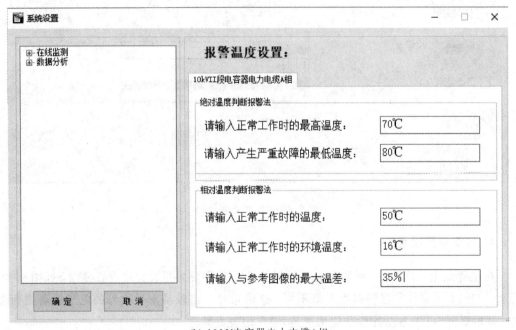

(b) 10 kV电容器电力电缆A相

系统设置　　　　　　　　　　　　　　　　　　　　　　　　　　　　　　　　　　—　□　×

报警温度设置：

⊞-在线监测
⊞-数据分析

#1主变油枕

绝对温度判断报警法

请输入正常工作时的最高温度：　　　　　55℃

请输入产生严重故障的最低温度：　　　　65℃

相对温度判断报警法

请输入正常工作时的温度：　　　　　　　45℃

请输入正常工作时的环境温度：　　　　　16℃

请输入与参考图像的最大温差：　　　　　20%

确定　　　取消

(c) 主变油枕

图 6 - 21　报警温度设置

5. 数据采集

完成了电气设备在线监测系统进行数据采集前的参数设置工作，就可点击主界面上的"启动"按钮，监测系统即可完成数据采集工作。当不再需要监测时，可点击主界面上的"停止"按钮，红外热像仪便会停止监测工作。

系统利用 FLIR A655sc 红外热像仪分别对变电所的主变压器套管 C 相、电容器电力电缆 A 相及主变油枕进行图像和温度数据采集，采集的数据在主界面的图像显示区和温度数据显示区显示，如图 6 - 22 所示。

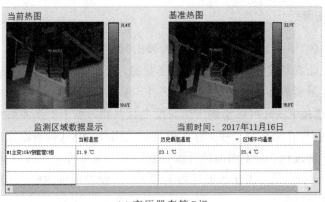

(a) 变压器套管C相

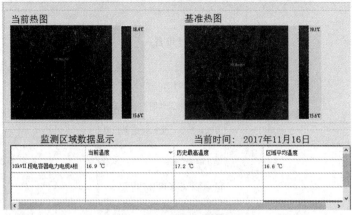

(b) 电容器电力电缆

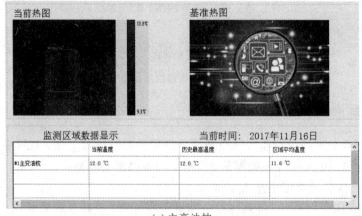

(c) 主变油枕

图 6-22 温度和图像数据显示

6. 历史数据查询

点击主界面上的"历史数据查询"按钮，即弹出"温度信息查询"界面，如图 6-23 所示。这里可以查询在线监测系统所采集的历史温度数据，工作人员可以选择查询的日期，对应的历史数据就会显示到界面下方的表格中。另外，工作人员可以将列表汇总的数据导出到 Excel 表格当中，通过 Excel 可以绘制历史温度变化曲线，便于工作人员全面了解设备的温度变化，而且 Excel 操作简单易上手，具有很高的实用性。电气设备温度数据的记录有利于日后故障诊断工作的进行。对于当前的温度信息，工作人员可与前 n 次同期监测记录进行对比，判断设备的运行情况。工作人员还可利用 Excel 绘制温度曲线，了解设备温度的变化过程，对故障作出预判。

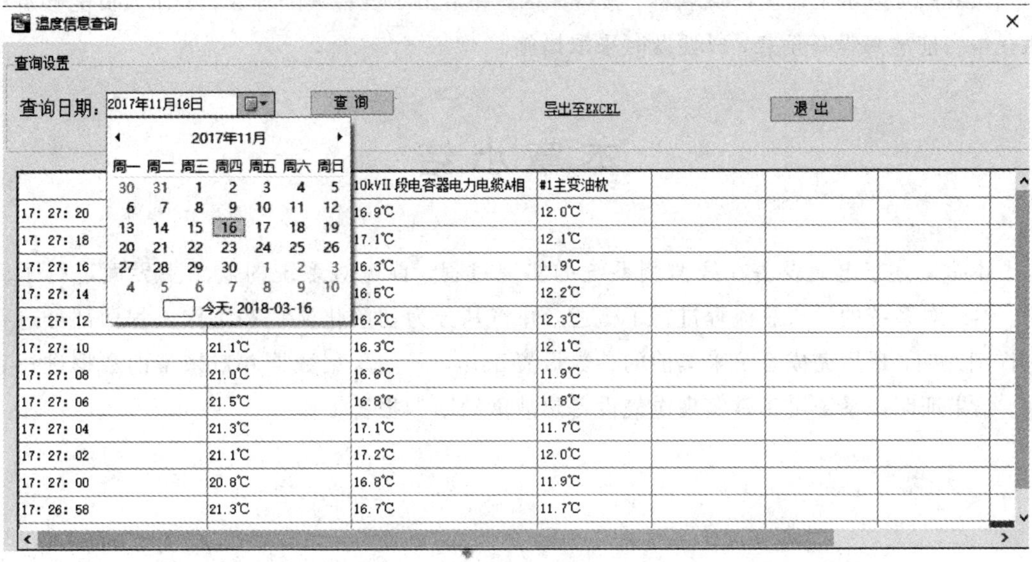

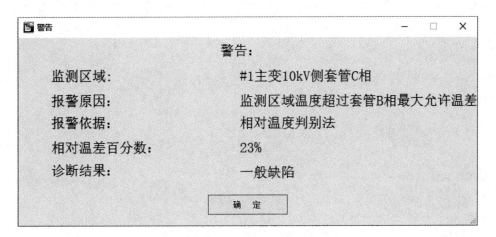

图 6-23　历史温度数据查询

7. 系统报警

在监测系统运行过程中，发现♯1 主变 10 kV 侧套管 C 相出现过热缺陷，系统自动弹出警告界面，如图 6-24 所示。工作人员可以点击主界面上"报警记录"按钮，即可显示最近一次的报警记录。

警告：	
监测区域：	#1主变10kV侧套管C相
报警原因：	监测区域温度超过套管B相最大允许温差
报警依据：	相对温度判别法
相对温差百分数：	23%
诊断结果：	一般缺陷

图 6-24　警告界面

图 6-24 显示了监测区域名称、报警原因，并给出了设备缺陷等级，工作人员能够直观地获得当前故障设备信息，以便及时采取措施。

本 章 小 结

本章阐述了电气设备在线监测系统的实现过程，首先对系统的监测主界面进行了介绍。然后对系统的运行总流程进行了概述，并将其分为初始化流程和工作流程两部分进行了详细说明，最后完成系统采集前的参数设置工作，开始采集数据并对采集的数据进行查询。结果证明该系统可正常实现电气设备热故障缺陷的报警工作。

结　　论

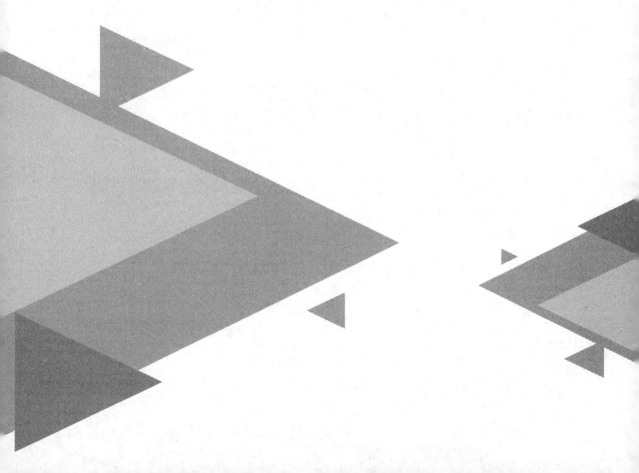

本书根据热辐射理论和红外热像仪测温原理，对红外热像精确测温技术进行了深入的理论和应用研究，完成的主要工作和结论如下：

(1) 根据热辐射理论和红外热像仪的测温原理，系统分析了各种因素对红外热像仪测温的影响，给出了被测物体表面发射率、吸收率、大气透过率、环境温度和大气温度误差对测温误差的影响。发射率偏离 0.1 时，对于波长范围为 $3\sim5~\mu m$ 的红外热像仪来说，测温结果偏离真实温度 $0.76\sim0.89$℃；对于波长范围为 $8\sim14~\mu m$ 红外热像仪来说，测温结果偏离真实温度 $1.56\sim1.87$℃。对影响精确温度测量因素的分析结果对提高热像仪的测温精度及降低测温误差都具有重要的意义。

(2) 建立了红外热像测温模型。通过研究被测物体表面的发射率、反射率和透射率，并结合红外物理中的三大辐射定律得到被测物体表面的有效辐射。提出红外热像仪辐射温度场转变为真实温度场的模型，进行了发射率补偿方法研究；提出了红外热像仪外场精确测温方法，进行了大气透过率的二次标定，利用二次修正系数对未知辐射源测量值进行修正，准确测量出未知辐射源目标的辐射温度。实验结果表明，黑体设置温度从 50℃（二次大气透过率近似为 1）不断升高，大气二次透过率修正系数在 $50\sim100$℃范围内迅速下降，在 $100\sim200$℃范围内下降趋势逐渐减缓，逐渐接近于一个大约为 0.7 的常数。

(3) 在研究红外热像测温技术的基础上，建立了碳纤维材料导热性能测试平台，应用红外热像技术对碳纤维材料进行温度场分析和测量，用温度对时间的变化规律比较和分析在不同温度下热处理的碳纤维材料的导热性能差异，通过对热吸收速度的测试，得到了按时间序列的吸热速度。为这类材料导热性能分析与评价提供了一种新的方法和途径。

(4) 设计了基于红外热像技术的服装舒适性研究的测试平台，使用红外热像仪直接测量服装在穿着状态下其表面温度场的情况，直观判断服装在真实穿着条件下的实际温度分布情况，进而推导出服装及服装面料的隔热性能。为了比较服装面料的热阻大小，用红外热像仪测量紧贴皮肤的服装面料的最高温度，准确判断服装隔热值的相对大小。通过对不同环境下的穿着实验中温度变化曲线分布的客观结果和主观评价结果分析，最后得出 50/

50 大豆/棉面料服装的热湿舒适性能最好。

(5) 搭建了电气设备在线监测系统。根据红外故障诊断原理，结合电气设备的红外辐射规律及测温方法，利用红外热像仪实现了电气设备关键触点的实时温度监测、故障诊断及报警。

本书完成的主要创新性工作如下：

(1) 提出了一种考虑背景辐射等影响的红外热像仪测温模型，模型中考虑了热像仪镜头对测温的影响。通过研究被测物体表面的发射率、反射率和透射率，并结合三大辐射定律得到被测物体表面的有效辐射，对影响精确温度测量因素的分析结果对提高热像仪的测温精度及降低测温误差都具有重要的意义。该模型提高了红外热像仪的测温精度，实验结果验证了该模型的有效性。

(2) 提出了一种对大气透过率进行二次外场标定的方法，利用二次修正系数对未知辐射源测量值进行修正，准确测量出未知辐射源目标的辐射温度。利用该标定结果可以提高红外热像仪的外场测温精度。

(3) 提出了一种基于红外热像技术的服装舒适性评价方法，进行了设定环境下的穿着实验测量。使用红外热像仪直接测量服装在穿着状态下其表面温度场的情况，利用该方法对多种服装面料进行了实验研究，结果表明了该方法的有效性。

尽管红外热像温度的测量技术发展迅速，但由于红外热像测温受多种因素的影响，它仍然是一个未成熟的领域，尚有许多问题亟待解决：

(1) 为了解决热像仪只能测出辐射温度分布这一问题，需要继续研究开发热辐射特性测试系统，利用其可以不仅方便地测定物体表面的真实温度分布，同时还能给出物体表面的发射率分布。对红外热像测温系统，进行实际测温实验。

(2) 红外热像测温模型、相关理论及精确测温技术研究等尚需在实际温度测量系统中进行验证。

(3) 还需对红外热像测温模型结构及精确测温算法进行进一步的优化，提高模型的收敛速度及收敛精度。

(4) 对算法模型的硬件实现及红外热像仪在材料方面的性能测试应用有待于进一步深入研究。

参 考 文 献

[1]　戴景民. 辐射测温的发展现状与展望[J]. 自动化技术与应用，2004，23(3)：1-7.

[2]　王魁汉. 温度测量实用技术[M]. 北京：机械工业出版社，2020.

[3]　彭利军，杨坤涛，章秀华. 光学测温技术中的物理原理[J]. 红外，2006(10)：1-4.

[4]　KARGEL C. Infrared thermal imaging to measure local temperature rises caused by handheld mobile phones [J]. IEEE transactions on instrumentation and measurement，2005，54(4)：1513-1519.

[5]　杨玥，车传强，康琪，等. 红外成像技术在 SF_6 设备带电检漏中的应用[J]. 内蒙古电力技术，2012，30(3)：80-83.

[6]　张璐，赵建. 红外成像技术在电力系统后备电源热故障监测中的应用研究[J]. 电测与仪表，2012，49(8)：93-96.

[7]　余长国，刘航，魏钢. 输变电设备红外热成像自动识别及故障分析系统[J]. 四川兵工学报，2012，33(12)：108-110.

[8]　张向东. 电力变压器常见故障及在线检测技术分析[J]. 中国新技术新产品，2012(21)：180.

[9]　张国灿，苏东青，叶玉云. 红外成像技术在电力设备状态检测中的应用[J]. 电工技术，2012(12)：48-49.

[10]　谢建容，陈庆祺，邝红樱，等. 电力设备红外温度在线监测装置的设计[J]. 自动化与仪器仪表，2012(5)：55-56+59.

[11]　杨翠茹，李晓刚，刘文晖，等. 基于红外和紫外检测技术对电厂内设备放电问题的研究[J]. 广东电力，2012，25(12)：20-23+32.

[12]　路悄悄，李玲，杨述. 红外线测温仪在冶金行业中的应用[J]. 自动化与仪器仪表，2003(6)：29-31+50.

[13]　杜飞. 试析红外线成像技术及热像图在冶金热工测试中应用[J]. 科技创新与应用，2012(15)：16.

[14] 褚小立，陆婉珍. 近红外光谱分析技术在石化领域中的应用[J]. 仪器仪表用户，2013，20(2)：11-13.

[15] 金光熙. 红外热像技术在石化设备内部腐蚀检测中的应用[J]. 石油化工设备，2013，42(1)：82-85.

[16] PAN X, BARKER P F, MESCHANOV A, et al. Temperature measurements by coherent Rayleigh scattering[J]. Optics letters, 2002, 27(3)：161-163.

[17] NIJHAWAN O P. Thermal imaging technology：the Indian scene[J]. Photonic Systems and Applications in Defense and Manufacturing, 1999, 3898：97-103.

[18] FURUKAWA T, IUCHI T. Experimental apparatus for radiometric emissivity measurements of metals[J]. Review of scientific instruments, 2000, 71(7)：2843-2847.

[19] BAUER W, MOLDENHAUER A. Emissivities of ceramics for temperature measurements[C]//Thermosense XXVI. SPIE, 2004, 5405：13-24.

[20] CHUN L Y, JING M D, YAN H. Optimum identifications of spectral emissivity and temperature for multi-wavelength pyrometry[J]. Chinese physics letters, 2003, 20(10)：1685.

[21] YANG C, ZHAO D, DAI J. A new method for constructing spectral emissivity models for measuring the real temperature of targets[J]. IEEE Transactions on instrumentation and measurement, 2005, 54(6)：2549-2553.

[22] 姚松伯. 半视场目标测温方法研究[D]. 长春：长春理工大学，2008.

[23] 范书彦. 红外辐射测温精度与误差分析[D]. 长春：长春理工大学，2006.

[24] 蔡毅，潘顺臣. 红外技术在未来军事技术中的地位和作用[J]. 红外技术，1999，21(3)：1-7.

[25] 李操. 测温红外热像仪测温精度与外界环境影响的关系研究[D]. 长春：长春理工大学，2008.

[26] 田裕鹏. 红外检测与诊断技术[M]. 北京：化学工业出版社，2006：150-152.

[27] 佚名. ThermaCAM™ P640 新产品发布[J]. 中国仪器仪表，2006，7：89.

[28] 孙晓刚，李云红. 红外热像仪测温技术发展综述[J]. 激光与红外，2008(2)：101-104.

[29] 李云红，孙晓刚，廉继红. 红外热像系统性能测试研究[J]. 红外与激光工程，2008，37(S2)：458-462.

[30] WRIGHT T, MCGECHAN A. Breast cancer：new technologies for risk assessment

and diagnosis[J]. Mol Diagn，2003，7(1)：49 – 55.

[31]　PARISKY Y R，SARDI A，HAMM R，et al. Efficacy of computerized infrared imaging analysis to evaluate mammographically suspicious lesions[J]. American Journal of Roentgenology，2003，180(1)：263 – 270.

[32]　KITAYA Y，KAWAI M，TSURUYAMA J，et al. The effect of gravity on surface temperatures of plant leaves[J]. Plant，Cell & Environment，2003，26(4)：497 – 503.

[33]　MUSTILLI A C，MERLOT S，VAVASSEUR A，et al. Arabidopsis OST1 protein kinase mediates the regulation of stomatal aperture by abscisic acid and acts upstream of reactive oxygen species production[J]. The Plant Cell，2002，14(12)：3089 – 3099.

[34]　MERLOT S，MUSTILLI A C，GENTY B，et al. Use of infrared thermal imaging to isolate Arabidopsis mutants defective in stomatal regulation[J]. The plant journal，2002，30(5)：601 – 609.

[35]　杨凡. 红外测温技术的原理及其在家用空调产品中的应用[J]. 电脑知识与技术，2008，24：1336 – 1337.

[36]　CHIANG H K，CHEN C Y，CHENG H Y，et al. Development of infrared thermal imager for dry eye diagnosis[C]//Infrared and Photoelectronic Imagers and Detector Devices II. SPIE，2006，6294：36 – 43.

[37]　ZHANG Y H，TAN G Y，LIU G J. Thermal imaging experimental research on temperature field for milling insert[C]//Key Engineering Materials. Trans Tech Publications Ltd，2009，392：924 – 928.

[38]　CUI L，AN L，MAO L，et al. Application of infrared thermal testing and mathematical models for studying the temperature distributions of the high-speed waterjet[J]. Journal of Materials Processing Technology，2009，209(9)：4360 – 4365.

[39]　LIU W M，CHEN M X，LIU S. Ceramic packaging by localized induction heating [J]. Nanotechnology and Precision Engineering，2009，7(4)：365 – 369.

[40]　ZHANG J，WANG X，HU F. TOD performance theoretical model for scanning infrared imagers[J]. Infrared physics & technology，2006，48(1)：32 – 38.

[41]　MORAN M S. Thermal infrared measurement as an indicator of plant ecosystem health[M]. Los Angeles：CRC Press，2004：256 – 282.

[42]　MUSHKIN A，BALICK L K，GILLESPIE A R. Extending surface temperature and

emissivity retrieval to the mid-infrared (3～5 μm) using the Multispectral Thermal Imager (MTI)[J]. Remote Sensing of Environment, 2005, 98(2-3): 141-151.

[43] GUO Z, YANG J. Wavelet transform image fusion based on regional variance[C]// MIPPR 2007: Remote Sensing and GIS Data Processing and Applications; and Innovative Multispectral Technology and Applications. SPIE, 2007, 6790: 777-782.

[44] SOBRINO J A, ROMAGUERA M. Land surface temperature retrieval from MSG1-SEVIRI data[J]. Remote Sensing of Environment, 2004, 92(2): 247-254.

[45] BALICK L K, RODGER A P, CLODIUS W B. Multispectral thermal imager land surface temperature retrieval framework[C]//Remote Sensing for Agriculture, Ecosystems, and Hydrology V. SPIE, 2004, 5232: 499-509.

[46] 朱德忠, 顾毓沁, 晋宏师, 等. 电子器件真实温度和发射率分布的红外测量[J]. 红外技术, 2000, 22(1): 45-48.

[47] 杨立. 红外热像仪测温计算与误差分析[J]. 红外技术, 1999, 21(4): 20-24.

[48] 杨立, 寇蔚, 刘慧开, 等. 热像仪测量物体表面辐射率及误差分析[J]. 激光与红外, 2002, 32(1): 43-45.

[49] 寇蔚, 杨立. 热测量中误差的影响因素分析[J]. 红外技术, 2001, 23(3): 32-34.

[50] 刘慧开, 杨立. 太阳辐射对红外热像仪测温误差的影响[J]. 红外技术, 2002, 24(1): 34-37.

[51] 王瑞凤, 杨宪江, 吴伟东. 发展中的红外热成像技术[J]. 红外与激光工程, 2008, 37(6): 699-702.

[52] Smith M I, Heather J P. A review of image fusion technology in 2005[J]. Thermosense XXVII, 2005, 5782: 29-45.

[53] 张健, 杨立, 刘慧开. 环境高温物体对红外热像仪测温误差的影响[J]. 红外技术, 2005, 27(5): 419-422.

[54] 王喜世, 伍小平. 用红外热成像方法测量火焰温度的实验研究[J]. 激光与红外, 2001, 31(3): 169-173.

[55] 侯成刚, 张广明. 用红外热成像技术精确测定物体发射率[J]. 红外与毫米波学报, 1997, 16(3): 193-198.

[56] ELMAHDY A H, DEVINE F. Laboratory Infrared Thermography Technique for Window Surface Temperature Measurements[J]. Ashrae Transactions, 2005, 111(1): 561-571.

[57] 邓建平，王国林，黄沛然. 用于高温测量的红外热成像技术[J]. 流体力学实验与测量，2001，15(1)：43-47.

[58] SHI W, WU Y, WU L. Quantitative analysis of the projectile impact on rock using infrared thermography[J]. International Journal of Impact Engineering，2007，34 (5)：990-1002.

[59] JIANG G M, LI Z L, NERRY F. Land surface emissivity retrieval from combined mid-infrared and thermal infrared data of MSG-SEVIRI[J]. Remote Sensing of Environment，2006，105(4)：326-340.

[60] MUSHKIN A, BALICK L K, GILLESPIE A R. Extending surface temperature and emissivity retrieval to the mid-infrared（3~5 μm）using the Multispectral Thermal Imager (MTI)[J]. Remote Sensing of Environment，2005，98(2-3)：141-151.

[61] PU R, GONG P, MICHISHITA R, et al. Assessment of multi-resolution and multi-sensor data for urban surface temperature retrieval[J]. Remote Sensing of Environment，2006，104(2)：211-225.

[62] MERCHANT C J, EMBURY O, LE BORGNE P, et al. Saharan dust in nighttime thermal imagery：Detection and reduction of related biases in retrieved sea surface temperature[J]. Remote Sensing of Environment，2006，104(1)：15-30.

[63] 王杨洋，方修睦，李延平，等. 用红外热像仪测量建筑物表面温度的实验研究[J]. 暖通空调，2006，36(2)：84-88.

[64] HWANG J, KOMPELLA S, CHANDRASEKAR S, et al. Measurement of temperature field in surface grinding using infra-red（IR）imaging system[J]. Journal of Tribology，2003，125(2)：377-383.

[65] RUSU E, RUSU G, DOROHOI D O. Influence of temperature on structures of polymers with ε-caprolactam units studied by FT-IR spectroscopy[J]. Polimery，2009，54(5)：347-352.

[66] HORNY N. FPA camera standardisation[J]. Infrared Physics & Technology，2003，44(2)：109-119.

[67] KAMARAINEN J K, KYRKI V, ILONEN J, et al. Improving similarity measures of histograms using smoothing projections[J]. Pattern Recognition Letters，2003，24(12)：2009-2019.

[68] AVIRAM G, ROTMAN S R. Analyzing the improving effect of modeled histogram

enhancement on human target detection performance of infrared images[J]. Infrared physics & technology, 2000, 41(3): 163-168.

[69] VICKERS V E. Plateau equalization algorithm for real-time display of high-quality infrared imagery[J]. Optical engineering, 1996, 35(7): 1921-1926.

[70] 张先明. 红外热像仪测温功能分析[J]. 激光与红外, 2007, 37(7): 647-648.

[71] 彭俊毅, 易凡, 黄启俊. 锑化铟红外热像仪测温的大气修正计算[J]. 红外技术, 2007, 29(5): 297-301.

[72] 刘缠牢, 谭立勋, 李春燕. 基于 BP 神经网络的红外测温系统温度标定方法[J]. 激光与红外, 2006, 36(8): 655-667.

[73] 包健, 赵建勇, 周华英. 基于 BP 网络曲线拟合方法的研究[J]. 计算机工程与设计, 2005, 26(7): 1840-1842.

[74] 齐文娟. 发射率对红外测温精度的影响[D]. 长春: 长春理工大学, 2006.

[75] 孙鹏. 红外测温物理模型的建立及论证[D]. 长春: 吉林大学, 2007.

[76] JONES T E, URQUHART M E, BADDELEY C J. An investigation of the influence of temperature on the adsorption of the chiral modifier, (S)-glutamic acid, on Ni {1 1 1}[J]. Surface science, 2005, 587(1-2): 69-77.

[77] MIYAMOTO T, ISHIZAWA H, NITTA Y, et al. Evaluation of Heat Transfer Characteristics of Textile Goods by Infrared Image Measurement Method[J]. Journal of Textile Engineering, 2006, 52(1): 37-41.

[78] 李汉舟, 潘泉, 张洪才, 等. 基于数字图像处理的温度检测算法研究[J]. 中国电机工程学报, 2003, 23(6): 195-199.

[79] ROUABAH F, AYADI K, HADDAOUI N. Effect of the Quenching Temperature on the Fields of Thermal Stresses and on the Mechanical and Thermal Properties of PMMA [J]. International Journal of Polymeric Materials and Polymeric Biomaterials, 2006, 55(11): 975-988.

[80] 李晓会. 利用红外热像技术诊断人体内部病灶机理的研究[D]. 天津: 天津理工大学, 2008.

[81] 杨爱明, 杨宇, 余仕汝, 等. 红外热像仪用于医学中[J]. 红外技术, 2004, 26(6): 97-100.

[82] 玄哲浩, 贾志海, 周子南. 用红外热成像技术评价碳纤维织物的导热性能[J]. 激光与红外, 2001, 31(6): 357-358.

[83] 贾志海，牛刚，王经，等. 利用红外热成像技术测算碳纤维材料的热扩散系数[J]. 计量学报，2004，25(4)：336-338.

[84] 贾志海，牛刚，王经，等. 用热成像技术测量碳纤维热扩散率的实验研究[J]. 激光与红外，2004，34(1)：32-33.

[85] MCDONALD K R，DRYDEN J R，MAJUMDAR A，et al. A Photothermal Technique for the Determination of the Thermal Conductance of Interfaces and Cracks[J]. Journal of Heat Transfer，2000，122(1)：10.

[86] VARENNE M，BATSALE J C，GOBBE C. Estimation of local thermophysical properties of a one-dimensional periodic heterogeneous medium by infrared image processing and volume averaging method[J]. Journal of Heat Transfer，2000，122(1)：21-26.

[87] 徐卫林. 红外技术与纺织材料[M]. 北京：化学工业出版社，2005.

[88] 张昌. 服装热舒适性与衣内微气候[J]. 武汉科技学院学报，2005，18(1)：4-7.

[89] LI J，WU H Y，WANG Y Y. Skin Sensitive Difference of Human Body Sections under Clothing：Smirnov Test of Skin Surface Temperatures' Dynamic Changing[J]. Journal of Donghua University，2004(6)：149-151.

[90] JI X L，LOU W Z，DAI Z Z，et al. Predicting thermal comfort in Shanghai's non-air-conditioned buildings[J]. Building research and information，2006，34(5)：507-514.

[91] FATO I，MARTELLOTTA F，CHIANCARELLA C. Thermal comfort in the climatic conditions of Southern Italy[J]. Transactions american society of heating refrigerating and air conditioning engineers，2004，110(2)：578-593.

[92] 陈益松，徐军. 红外热像用于服装面料隔热性能的评测[J]. 纺织学报，2007，28(12)：81-83.

[93] 邢小娟. 贴身服装舒适性研究[D]. 苏州：苏州大学，2007.

[94] 孙斌. 关于服装舒适性的评价与研究[J]. 山东纺织经济，2009(4)：93-95.

[95] 刘茜. 从服装热湿舒适性的测试看主客观评判的关系[J]. 中国纤检，2004(10)：23-25.

[96] PAMUK O，ONDOGAN Z，ABREU M J. The thermal comfort properties of reusable and disposable surgical gown fabrics[J]. Tekstilec，2009，52(1-3)：24-30.

[97] PAMUK O，ABREU M J，ÖNDOĞ AN Z. An investigation on the comfort properties for different disposable surgical gowns by using thermal manikin[J].

Textile and Apparel，2008，18(3)：236－239.

[98]   张志强，王萍，赵三军，等. 目标距离与角度对红外热成像仪测温精度影响分析[J]. 天津大学学报(自然科学与工程技术版)，2021，54(7)：763－770.

[99]   王玮. 中红外波段爆炸瞬态火焰温度联合补偿测算方法研究[D]. 太原：中北大学，2021.

[100]   王军帅，田军委，张杰，等. 一种红外测温的误差建模与补偿方法[J]. 西安工业大学学报，2021，41(1)：40－45.

[101]   付万超，范春利，杨立. 非平表面的红外热像测温修正方法研究[J]. 红外技术，2021，43(2)：179－185.

[102]   刘嵘，刘辉，贾然，等. 一种智能型电网设备红外诊断系统的设计[J]. 红外技术，2020，42(12)：1198－1202.

[103]   赵志远. 一种可以兼顾远近距离的紧凑型武警用红外热像仪光学系统[J]. 红外技术，2020，42(12)：1159－1163.

[104]   张坤杰. 欧美军用红外通用组件技术的发展现状及趋势[J]. 红外技术，2020，42(7)：697－701.

[105]   张艳博，任瑞峰，梁鹏，等. 基于热成像的埋地热力管道缺陷检测试验研究[J]. 仪器仪表学报，2020，41(6)：161－170.

[106]   张志强，王萍，于旭东，等. 高精度红外热成像测温技术研究[J]. 仪器仪表学报，2020，41(5)：10－18.

[107]   刘泽元，尚永红，林博颖，等. 红外测温设备的空间环境影响及防护研究[J]. 电子测量与仪器学报，2020，34(4)：165－171.

[108]   吴景彬. 红外热辐射成像系统性能测试技术的研究[D]. 成都：电子科技大学，2020.

[109]   张凯. 基于激光扫描红外无损检测技术的裂纹缺陷检测[D]. 成都：电子科技大学，2020.

[110]   刘咏梅，肖平，范雅雯. 电发热袜发热区域对足部表面温度的影响[J]. 纺织学报，2020，41(2)：130－135.

[111]   寇光杰，杨正伟，贾庸，等. 复杂型面叶片裂纹的超声红外热成像检测[J]. 红外与激光工程，2019，48(12)：101－109.

[112]   张旭，金伟其，李力，等. 天然气泄漏被动式红外成像检测技术及系统性能评价研究进展[J]. 红外与激光工程，2019，48(S2)：53－65.

[113] 赵志远. 超宽温中波红外热像仪消热差成像系统[J]. 兵器装备工程学报, 2019, 40 (9): 184-188.

[114] 孙成, 潘明强, 王阳俊, 等. 噪声对红外测温性能的影响研究[J]. 红外技术, 2019, 41(4): 370-376.

[115] 王岭雪, 蔡毅. 红外成像光学系统进展与展望[J]. 红外技术, 2019, 41(1): 1-12.

[116] 张艳超, 高策, 刘建卓, 等. 非制冷热像仪内部温升对测温精度的影响修正[J]. 中国光学, 2018, 11(4): 669-676.

[117] 刘晨. 基于双波段比色法的红外热成像温度测量研究[D]. 北京: 中国科学院大学 (中国科学院国家空间科学中心), 2018.

[118] 孟凡伟, 高悦, 马翠红, 等. 基于热辐射理论的熔融金属红外测温模型研究[J]. 红外技术, 2017, 39(8): 766-771.

[119] 王大锐, 张楠. 基于红外技术的液体火箭发动机尾焰流场测量研究[J]. 红外与激光工程, 2017, 46(2): 141-145.

[120] 喻春雨, 解家乐, 费彬, 等. 人体头部体表温度随室内环境温度变化研究[J]. 光谱学与光谱分析, 2017, 37(1): 172-176.

[121] 姚婷, 梁成文, 李凯扬. 探测器温度对非制冷红外热像仪人体测温的影响与修正[J]. 红外技术, 2016, 38(11): 984-989.

[122] 张晓晖, 徐超, 何利民, 等. 非制冷红外热像仪人体表面温度场测量及误差修正[J]. 红外与激光工程, 2016, 45(10): 46-52.

[123] 袁中强. 双色红外成像系统关键技术研究[D]. 成都: 电子科技大学, 2016.

[124] 王馨尉. 红外热像仪精准测温技术模型研究[D]. 长春: 长春理工大学, 2016.

[125] 马翠红, 刘俊秘, 杨友良. 基于小波变换的红外热像钢水测温研究[J]. 激光与光电子学进展, 2015, 52(10): 127-131.

[126] 石东平, 吴超, 李孜军, 等. 基于反射温度补偿及入射温度补偿的红外测温影响分析[J]. 红外与激光工程, 2015, 44(8): 2321-2326.

[127] 李洪娟, 王乐鹏, 莫芳芳. 红外成像检测技术在中医领域研究综述[J]. 红外技术, 2015, 37(3): 185-189.

[128] 王会. 应用于三维温度场重建的红外热像仪标定技术研究[D]. 哈尔滨: 哈尔滨理工大学, 2015.

[129] 李云红, 马蓉, 张恒, 等. 双波段比色精确测温技术[J]. 红外与激光工程, 2015, 44(1): 27-35.

[130] 陈明武, 吴海滨. 基于非制冷红外焦平面探测器的工业测温系统[J]. 大气与环境光学学报, 2015, 10(1): 76 - 80.

[131] 卞宏友, 范钦春, 李英, 等. LDS 成形层面红外图像的温度分区轮廓提取方法[J]. 应用激光, 2014, 34(5): 415 - 421.

[132] 赵晨阳, 冯浩, 黄晓敏, 等. 红外测温技术在爆炸场温度测试中的精度研究[J]. 红外技术, 2014, 36(8): 676 - 679.

[133] 严凤花, 严兴科, 何天有. 医用红外热像技术的应用研究进展[J]. 红外技术, 2014, 36(6): 433 - 438.

[134] 陈世国, 江勇, 方浩百, 等. 喷气发动机红外辐射成像测试、处理与评估[J]. 红外与激光工程, 2014, 43(3): 727 - 731.

[135] 夏清, 胡振琪, 位蓓蕾, 等. 一种新的红外热像仪图像边缘检测方法[J]. 红外与激光工程, 2014, 43(1): 318 - 322.

[136] 苏佳伟, 石俊生, 汪炜穑. 距离对红外热像仪测温精度影响及提高精度的实验研究[J]. 红外技术, 2013, 35(9): 587 - 590.

[137] 刘华, 艾青, 夏新林, 等. 毫米级非均匀粗糙表面红外发射率测量[J]. 工程热物理学报, 2013, 34(2): 317 - 319.

[138] 闫光辉, 杨立, 范春利. 基于红外测温的电气控制柜内部元件热缺陷温度与方位的三维反问题识别[J]. 红外与激光工程, 2012, 41(11): 2909 - 2915.

[139] 陶宁, 曾智, 冯立春, 等. 基于反射式脉冲红外热成像法的定量测量方法研究[J]. 物理学报, 2012, 61(17): 314 - 320.

[140] 杨桢, 张士成, 杨立. 变谱法在红外热像仪测温中的应用[J]. 红外与激光工程, 2012, 41(6): 1432 - 1437.

[141] 李云红, 孙晓刚, 廉继红. 红外热像精确测温技术及其应用研究[J]. 现代电子技术, 2009, 32(1): 112 - 115.

[142] 赵桓. 高温红外窗口的辐射测温方法与技术[D]. 北京: 清华大学, 2011.

[143] 张杰. 红外热成像测温技术及其应用研究[D]. 成都: 电子科技大学, 2011.

[144] 李云红, 孙晓刚, 王延年, 等. 改进神经网络的红外成像测温算法[J]. 红外与激光工程, 2010, 39(5): 801 - 805.

[145] 李云红, 张龙, 王延年. 红外热像仪外场测温的大气透过率二次标定[J]. 光学精密工程, 2010, 18(10): 2143 - 2149.

[146] 杨桢, 张士成, 杨立. 反射温度补偿法及其实验验证[J]. 光学精密工程, 2010, 18

(9)：1959 - 1964.

[147] 杨桢，张士成，杨立. 非朗伯体红外测温计算研究[J]. 光谱学与光谱分析，2010，30(8)：2093 - 2097.

[148] 胡剑虹，宁飞，沈湘衡，等. 目标表面发射率对红外热像仪测温精度的影响[J]. 中国光学与应用光学，2010，3(2)：152 - 156.

[149] 李云红. 基于红外热像仪的温度测量技术及其应用研究[D]. 哈尔滨：哈尔滨工业大学，2010.

[150] 李云红，孙晓刚，原桂彬. 红外热像仪精确测温技术[J]. 光学精密工程，2007(9)：1336 - 1341.

[151] 贡梓童. 基于红外热像仪的电力系统在线监测研究[D]. 西安：西安工程大学，2018.

[152] KRUGLOVA T N. Intelligent diagnosis of the electrical equipment technical condition[J]. Procedia Engineering，2015，129：219 - 224.

[153] YOON S J，NOH S C，CHOI H H. Thermographic diagnosis system and imaging algorithm by distributed thermal data using single infrared sensor[J]. Current Applied Physics，2010，10(2)：487 - 497.

[154] ALBERT J D，MONBET V，JOLIVET-GOUGEON A，et al. A novel method for a fast diagnosis of septic arthritis using mid infrared and deported spectroscopy[J]. Joint Bone Spine，2016，83(3)：318 - 323.

[155] LV S，YANG L，YANG Q. Research on the applications of infrared technique in the diagnosis and prediction of diesel engine exhaust fault[J]. Journal of Thermal Science，2011，20(2)：189 - 194.

[156] DUAN L，YAO M，WANG J，et al. Segmented infrared image analysis for rotating machinery fault diagnosis[J]. Infrared Physics & Technology，2016，77：267 - 276.

[157] KACMAZ S，ERCELEBI E，ZENGIN S，et al. The use of infrared thermal imaging in the diagnosis of deep vein thrombosis[J]. Infrared Physics & Technology，2017，86：120 - 129.

[158] HASAN A E，RASHED M Z，SHARAF A I. Lightweight TCP/IP architecture model for embedded systems using sysML[J]. International Journal of Engineering Science and Technology，2010，2(7)：3093 - 3100.

[159] 朱杰，张葛祥. 基于历史数据库的电力系统状态估计欺诈性数据防御[J]. 电网技术，2016，40(6)：1772 - 1777.

[160] 李云红，罗雪敏，苏雪平，等. 基于改进曲率尺度空间算法的电力设备红外与可见光图像配准[J]. 激光与光电子学进展，2022，59(12)：138 - 145.

[161] 李云红，李传真，屈海涛，等. 基于改进人工蜂群正余弦优化的红外图像分割方法[J]. 激光与红外，2021，51(8)：1076 - 1080.

[162] 李萍，刘以安，徐安林. 基于多尺度耦合的密集残差网络红外图像增强[J]. 电子测量与仪器学报，2021，35(7)：148 - 155.